STUDY GUIDE BOOK

FOR THE PROFESSIONAL

BEAUTY ILLUSTRATION & MAKE UP PATTERN BOOK

저 자 신세영 (서경대학교 미용예술대학 교수)
이기명 (서경대학교 미용예술대학 교수)
최민령 (서경대학교 미용예술대학 교수)

도서출판 예림

BEAUTY ILLUSTRATION

BEAUTY ILLUSTRATION

❖ CONTENTS

LESSON 1. 인체의 구조

1. 인체의 뼈
2. 얼굴의 뼈의 구조
3. 얼굴근육의 구조

1. 인체의 뼈

뼈 구조는 모든 몸의 표면과 연결되어 있고, 뼈의 관절은 몸의 움직임을 지배한다. 우리는 몸의 움직임을 이해하기 위해 뼈 구조에 대해 먼저 이해 하여야 하며 사람의 뼈는 크게 머리, 가슴, 골반 세 부분으로 나눌 수 있다.

❈ 뼈 구조와 관절

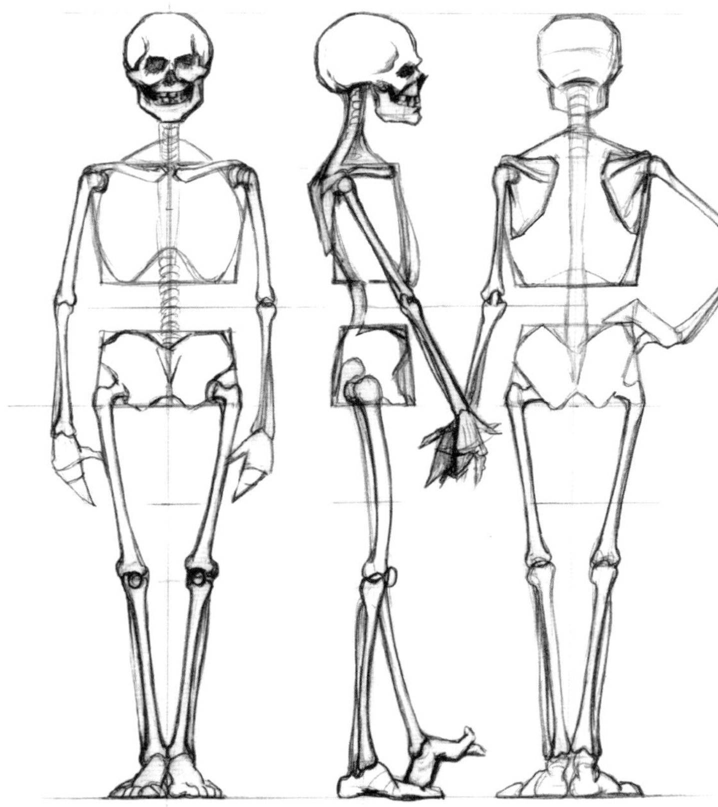

전면 측면 후면

2. 얼굴의 뼈의 구조

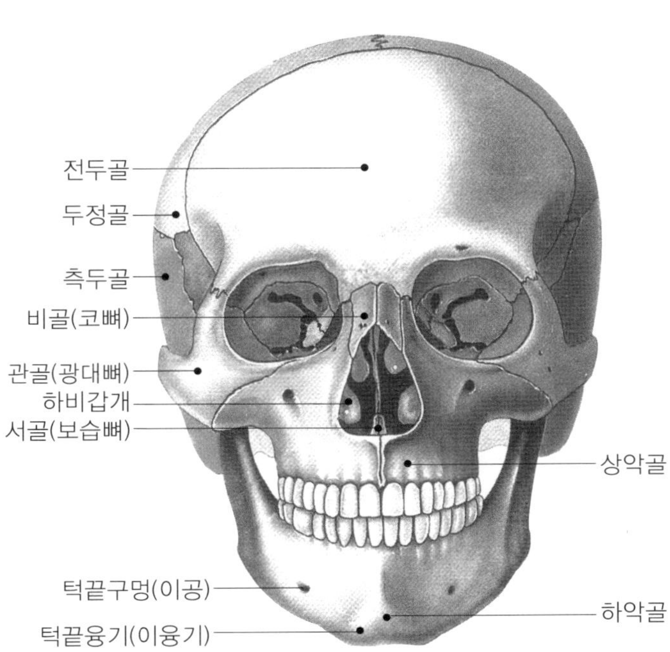

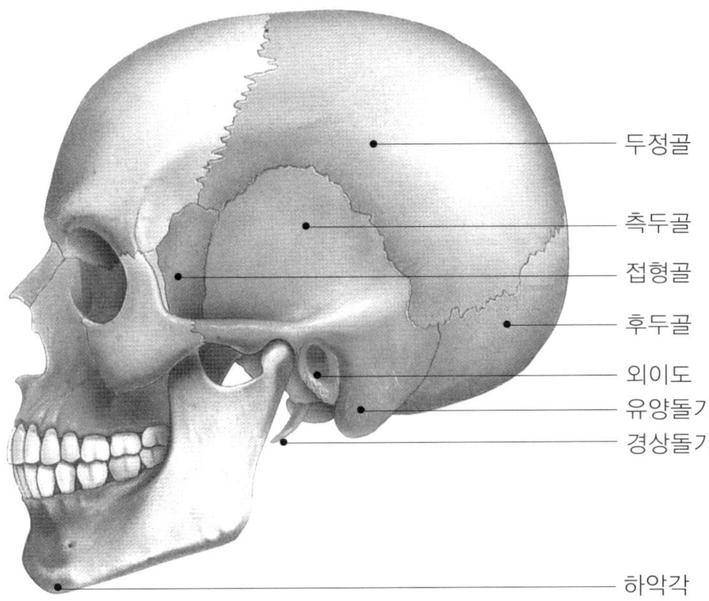

3. 얼굴근육의 구조

얼굴에는 많은 근육들이 있어 이 근육들로 인해 얼굴 표정이 좌우된다. 얼굴근육은 크게 두 가지로 하나는 눈 주위에 있는 안륜근이고 다른 하나는 입 주위에 있는 구륜근이다. 안륜근은 눈구멍의 전면을 차지하고 구륜근은 입술과 뺨 근처에서 시작된다. 전두근은 전두골을 싸고 있고, 추미근은 눈썹 중심선에서 약간 기울어져 있는 옥수수 형태의 작은 근육이다. 또한 교근은 턱의 근육, 이근은 두 개의 옥수수를 붙여놓은 모양의 근육으로 턱의 중간 아래쯤에 있다. 따라서 근육의 형태와 움직임을 파악하면 입체감있는 있는 메이크업을 표현할 수 있다.

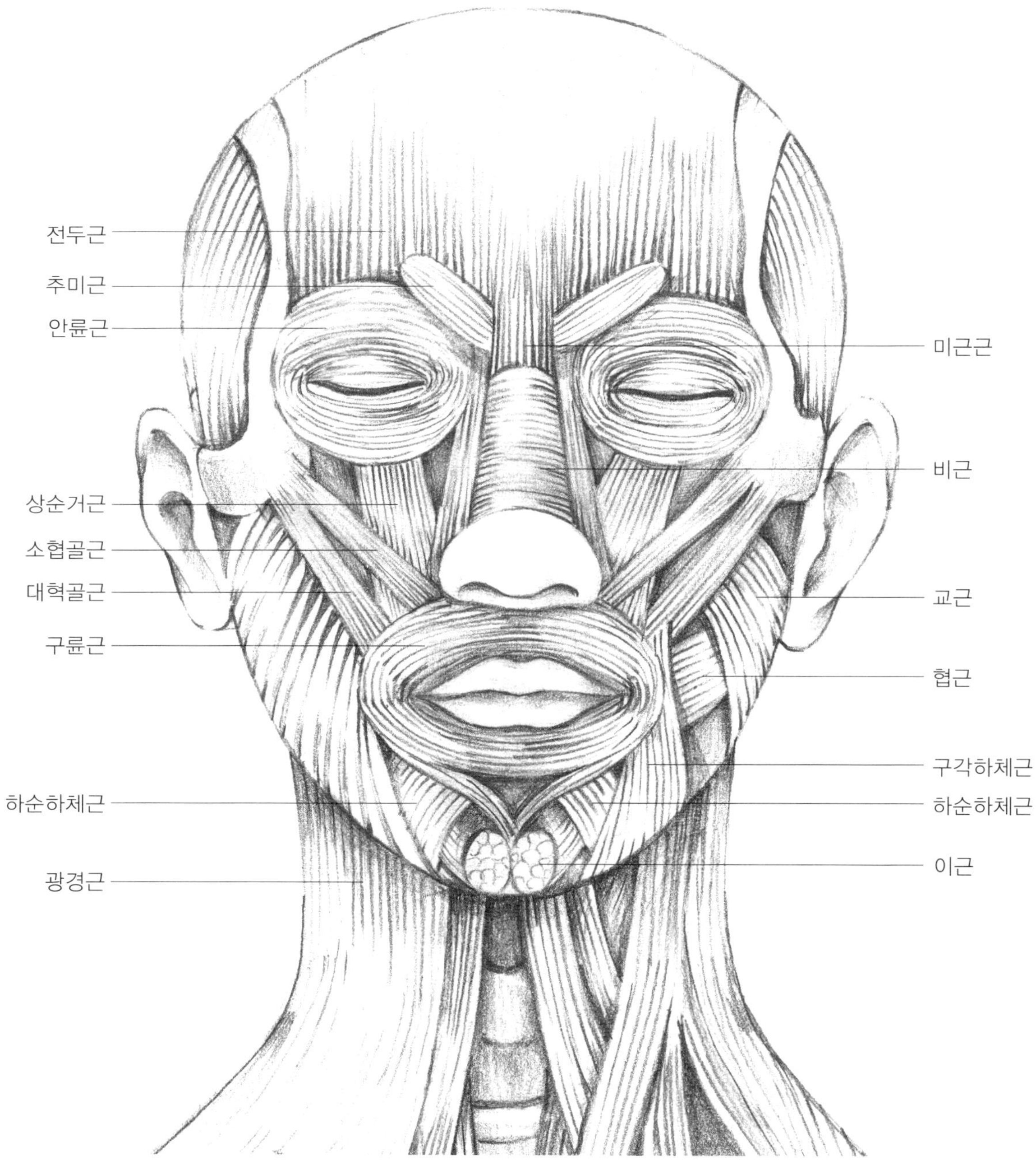

LESSON 2. 기초 드로잉

1. 선 그리기
2. 명암 표현하기
3. 입체, 도형 표현

1. 선그리기 _ (1) 곡선 가로 그리기

(2) 곡선 가로 그리기

(3) 곡선 세로 그리기

2. 명암 표현하기 _ (1) 그러데이션

(2) 명암단계 표현하기

1. 고명도(light color)
   9.5도~8도

2. 중명도(middle color)
   7도~4도

3. 저명도(dark color)
   4도 이하

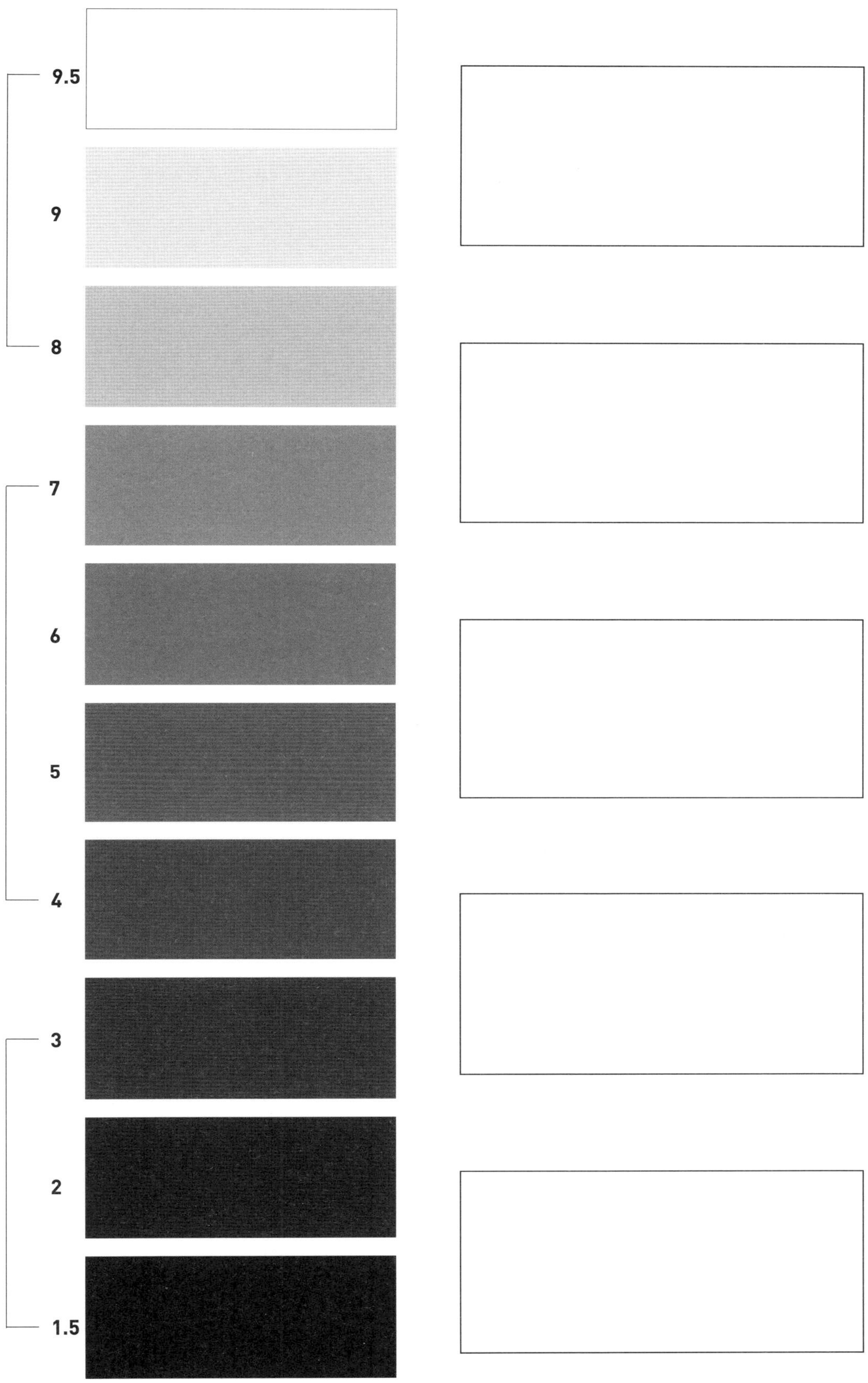

3. 입체 도형 표현

도형은 그러데이션을 훈련시키는 가장 효과적인 방법 이다. 도형의 기본적인 이론과 원리를 숙지하여 그린다.

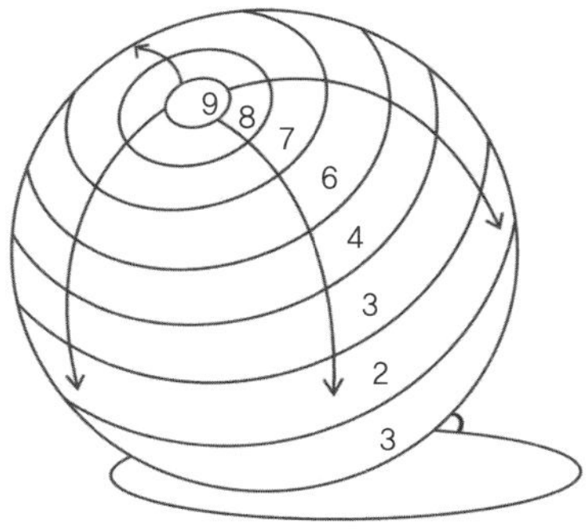

단계

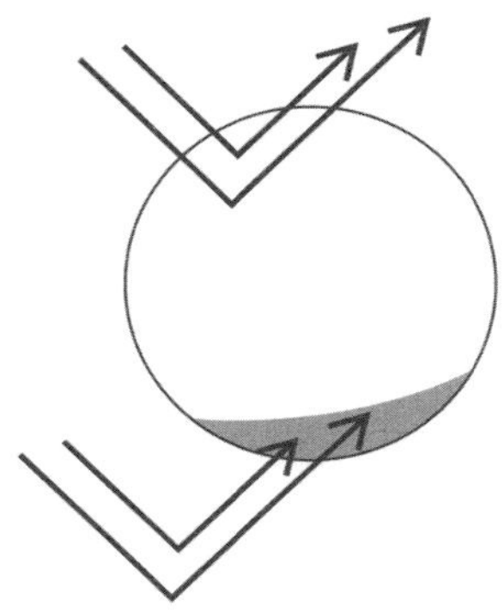

반사광

어둠흐름

단　계　2～9를 단계적으로 표현하며, 2를 가장 어둡게 표현하고 9를 가장 밝게 표현하도록 한다.

반 사 광　반사광(역광)은 빛이 비추었을때 바닥에 부딪쳐 반사되어 물체에 붙게 되는 빛이다.

어둠흐름　어둠흐름은 어둠을 묶어주는것으로 가장어두운 부분과 역광, 그림자를 잇는 흐름을 말한다.

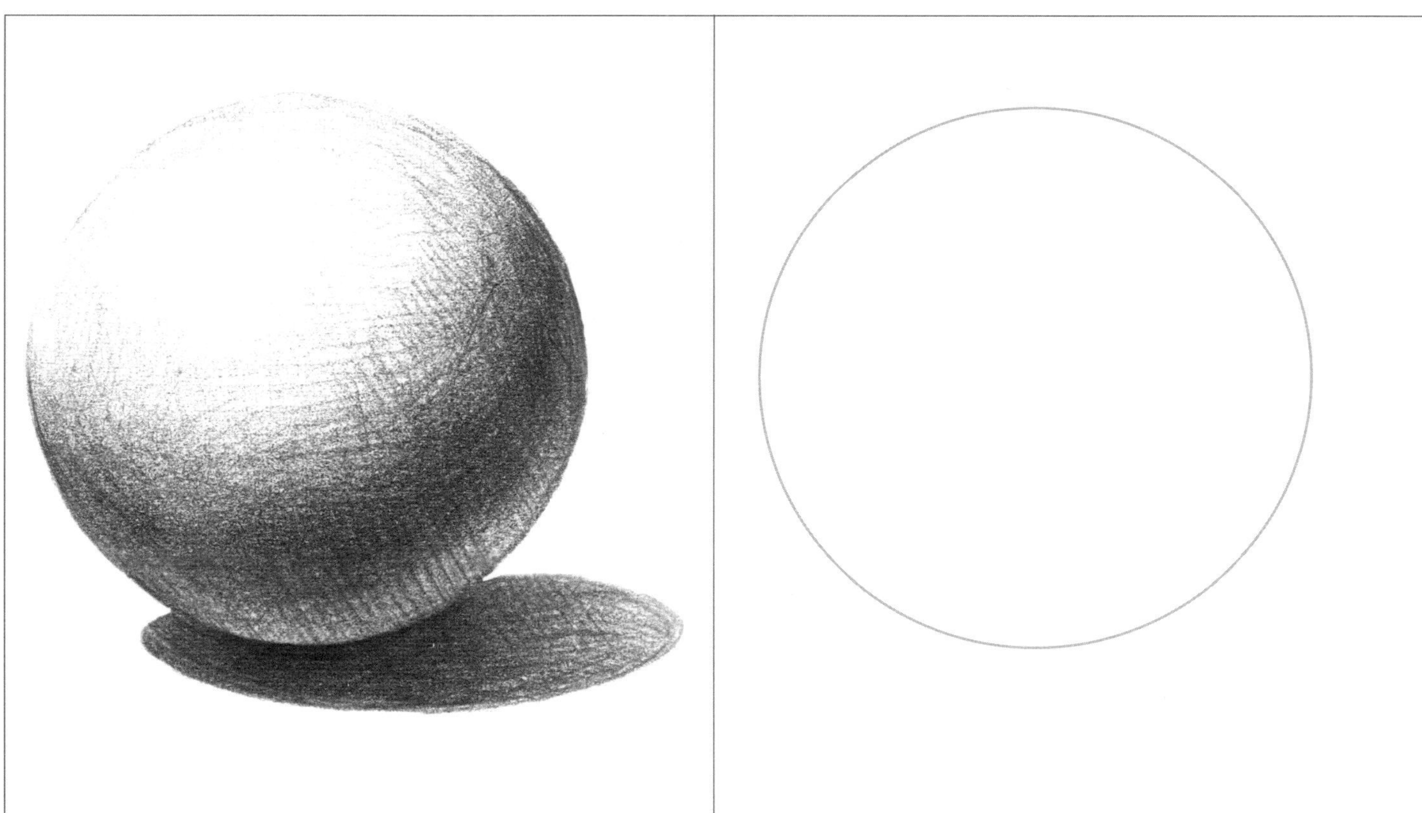

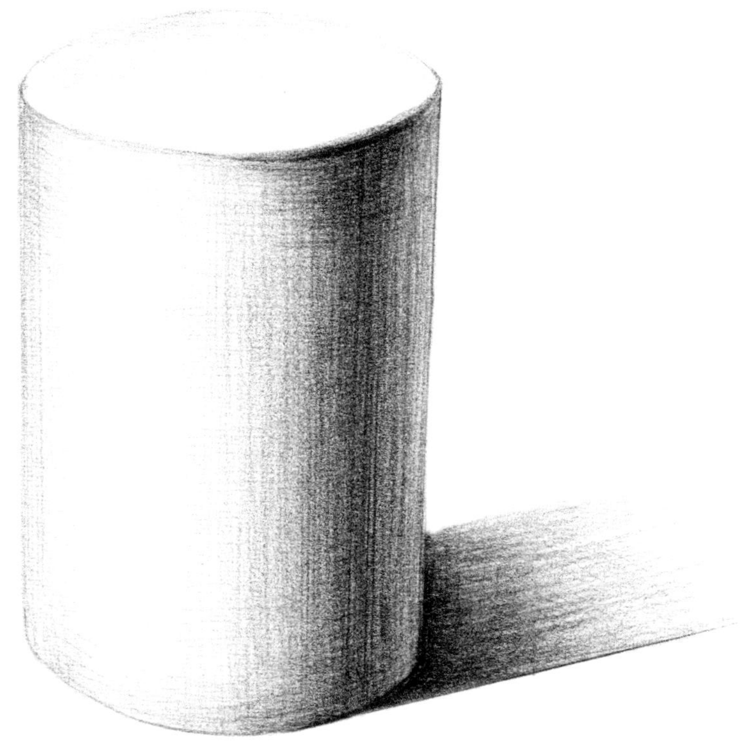

LESSON 3. 전신 표현

1. 전신의 기본스케치
2. 전신의 균형과 움직임

LESSON 4. 인체의 세부표현

1. 얼굴의 비율
2. 얼굴 형
3. 머리카락
4. 눈 · 눈썹 그리기
5. 코 그리기
6. 입 그리기
7. 귀 그리기

1. 얼굴의 비율(Face Proportion)

얼굴이 차지하고 있는 이상적인 균형 비율은 얼굴형을 파악하는 척도이다. 얼굴의 정면 프로포션은 머리카락 시작점으로 양쪽눈썹 앞머리, 코밑점, 턱밑점을 기준으로 길이가 같고 양쪽 눈 앞머리, 눈꼬리, 귀까지의 5등분의 폭 길이가 같다.

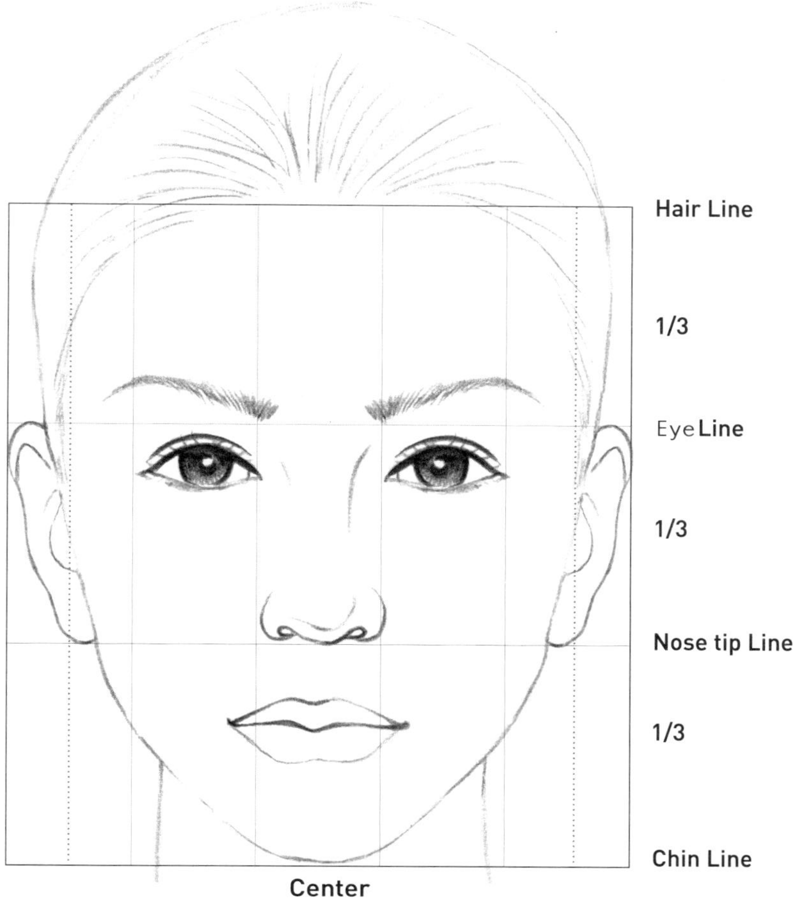

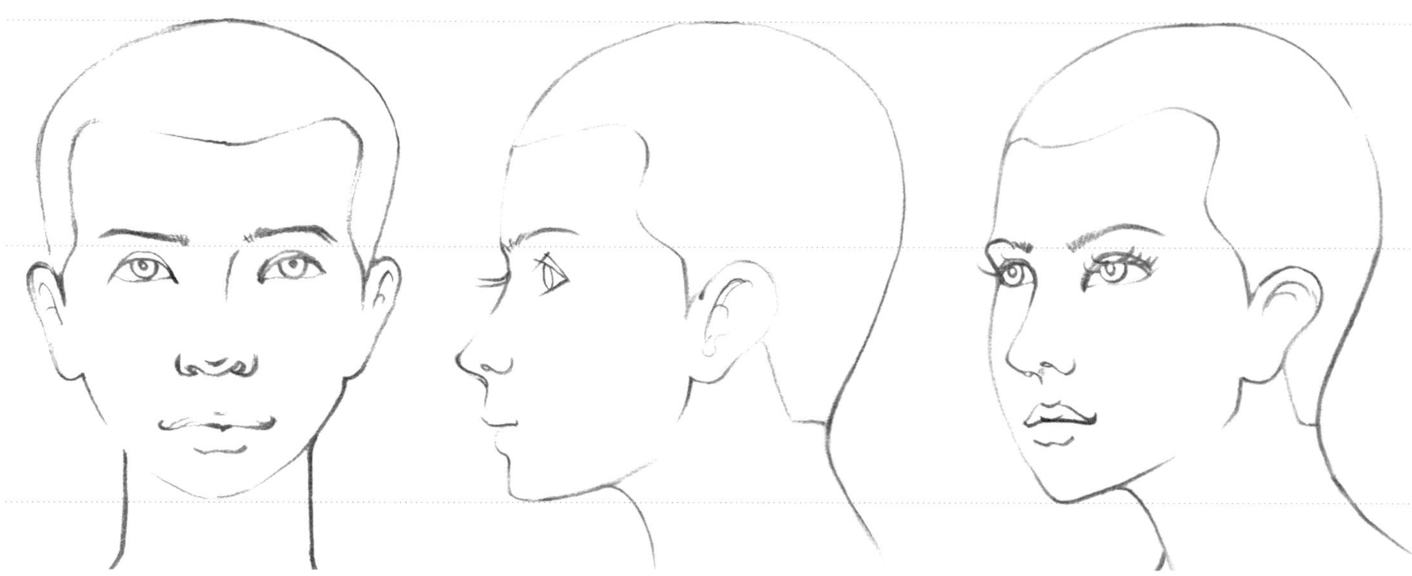

♧ 정면 그림

♧ 측면 그림

♧ 4분의 3각 그림

2. 얼굴 형

사람의 얼굴은 인종에 따라 개인의 유전적 요인등으로 다양한 형태의 얼굴형을 가지고있다.
사람의 얼굴형에 따라 밝고 어두움의 차이로 결점을 보완하고 장정을 더욱 부각 시킬 수있다.
얼굴 유형별로 특징을 익혀 개성있는 다양한 얼굴을 표현할 수 있다.

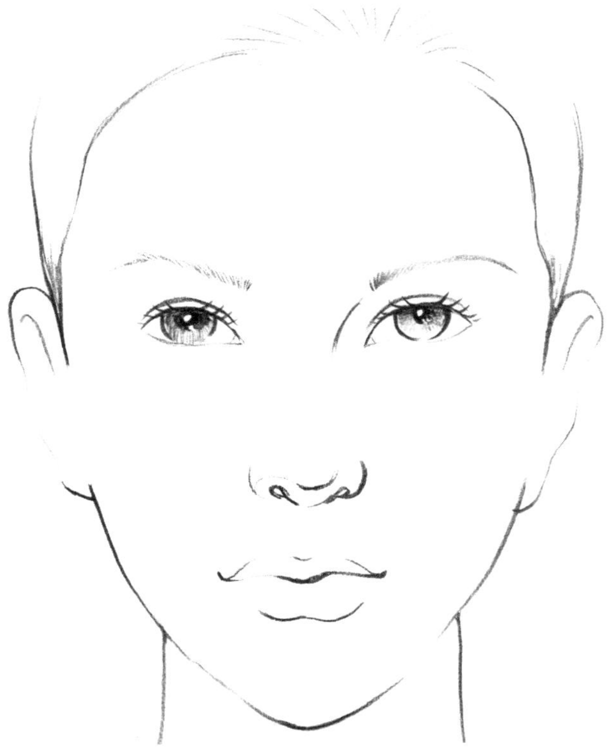

긴형

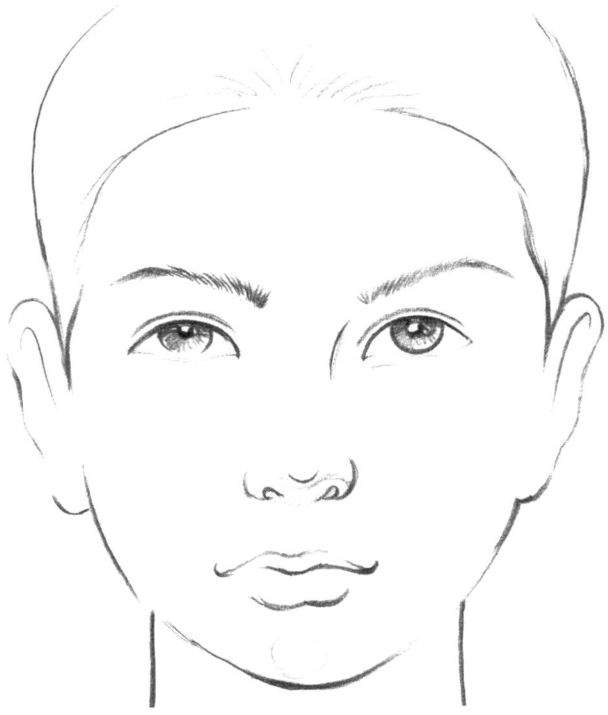

둥근형

(1) 긴형 얼굴

긴 얼굴형은 얼굴을 삼등분해서 같은 비율로 나누어지긴 하지만 상당히 긴 얼굴형이다. 대개 나이가 들어 보이고 여윈 얼굴을 가진 사람들에게서 많이 나타나며, 긴 얼굴형고- 함께 코도 긴 경우가 많다.

(2) 둥근형 얼굴

한국인의 가장 일반적인 얼굴로써 전체적으로 얼굴 윤곽이 둥글며 이마폭이 좁고 낮다. 귀엽고 어려 보이는 얼굴형태로 특히 헤어라인 옆 부분이 둥글며, 눈, 코, 입 등도 공같이 둥글고 목이 짧은 것이 일반적이다.

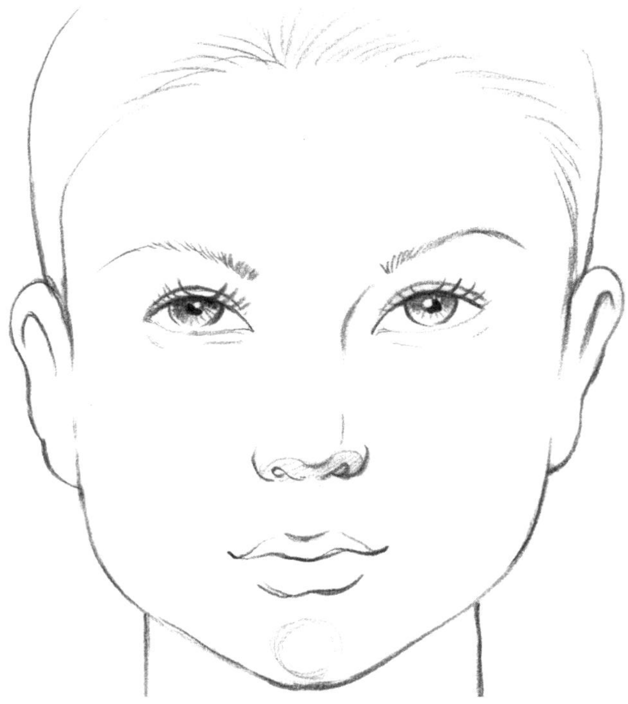

마름모형

역삼각형

(3) 마름모형 얼굴

광대뼈가 나오고 얼굴에 살이 별로 없으며 턱이 뾰족한 얼굴형으로 개성있고 강한 인상을 준다. 메이크업 시 수정해야 할 곳이 많은 얼굴형이다.

(4) 역삼각형 얼굴

좁고 뾰족한 턱, 광대가 발달하고 낮은 이마가 특징이다. 이마와 가로 넓이가 턱의 면적보다 넓은 형태로 얼굴의 면적보다 길이가 짧게 느껴진다. 볼쪽에 살이 없고 턱선이 뾰족하여 다소 신경질적인 인상을 준다.

3. 머리카락

머리카락은 빛을 받는 밝은 부분과 그림자가 져서 어두운 부분을 이어지도록 자연스럽게 그러데이션을 하고 위치와 상황에 따라 머리결을 그린다.

 직모	
 C 컬	
 S 컬	

4. 눈 그리기

“눈은 마음의 창(The eyes are the mirrors of the soul)” 이라고 한다. 즐거울 때나 슬플 때 마음의 표현이 눈을 통해 볼 수 있다. 얼굴에서 눈의 비중이 중요하므로 정성들여 그리면 살아있는 듯한 아름다운 그림이될 수 있다.

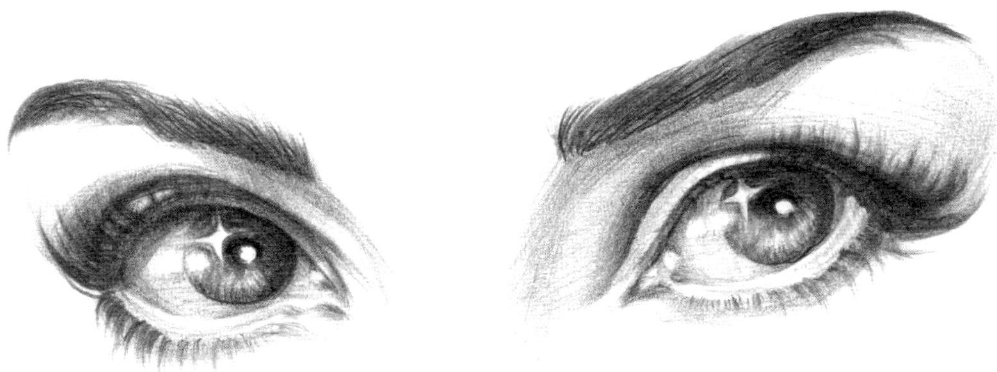

(1) 눈썹 그리기

눈썹꼬리는 눈썹머리보다 내려오지 않아야한다. 눈썹의 자란 모양도 본인의 눈썹을 잘 보고 그리도록한다.

❖ **눈썹의 방향**

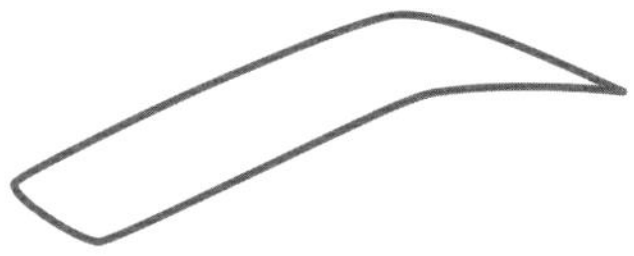

1. 털의 방향은 2부분으로 나누어진다.

2. 위로 올라가는 방향과...

3. 아래로 내려가는 방향이...

4. 합쳐져 강화된다.

❖ 눈썹의 위치

1. **눈썹 앞머리:** 콧망울 지점을 수직으로 올려 만나지는 곳에 위치하도록 한다.
2. **눈썹산:** 눈썹 길이를 3등분했을 경우2/3지점에 위치하거나 눈동자 바깥부분을 올려 만나는 지점에 위치 하도록 한다.
3. **눈썹꼬리 길이:** 콧 망울과 눈 꼬리를 45˚의 각도로 연결해 연장했을 때 만나지는 지점에 위치 하도록 한다.
4. **눈썹길이:** 눈 길이보다 짧지 않게 그린다.

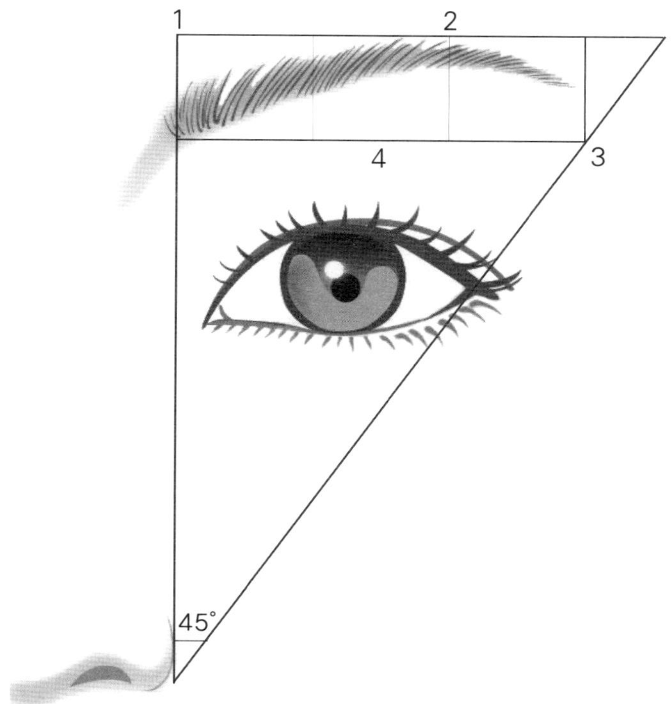

❖ 눈썹 그리기

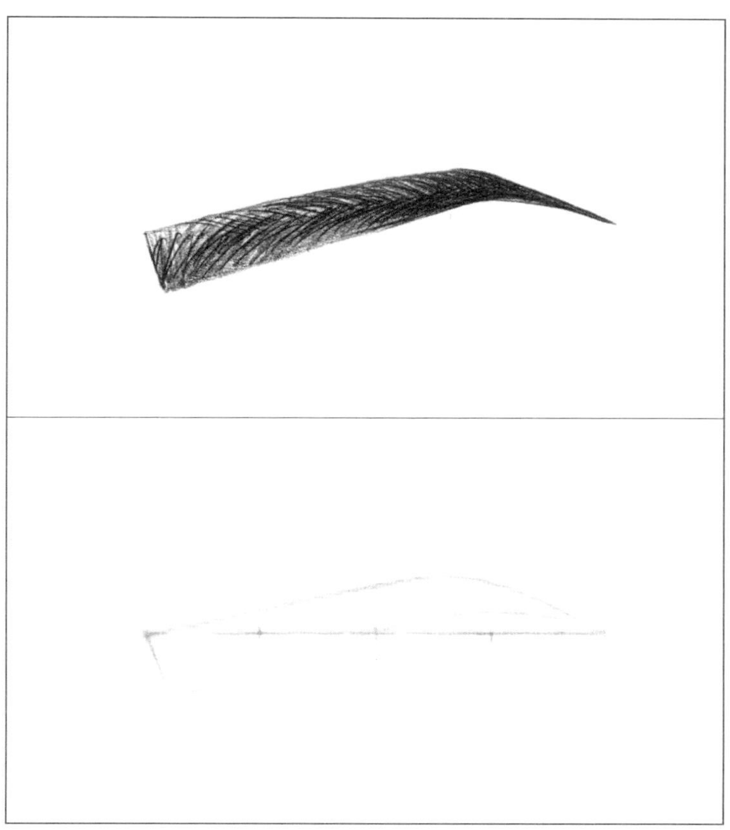

(2) 눈과 눈썹 그리기 _ 정면

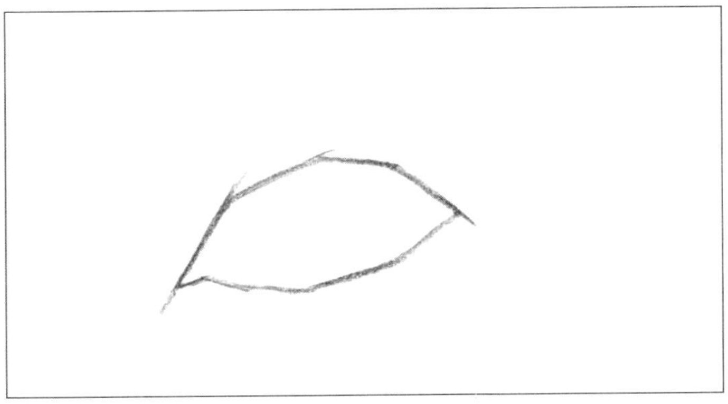

1. 눈꼬리는 눈머리보다 약간 올린다.

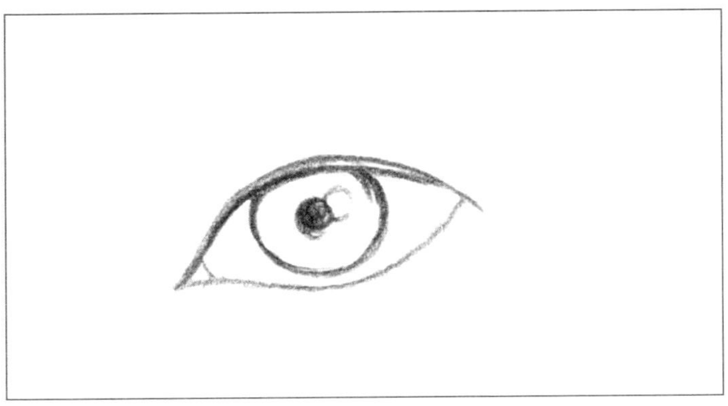

2. 중앙의 검은 눈동자는 큰 눈동자의 한가운데 위치 한다. 눈동자 안에 또 하나 검은 부분을 그려 주는데, 하이라이트를 남겨 놓는다.

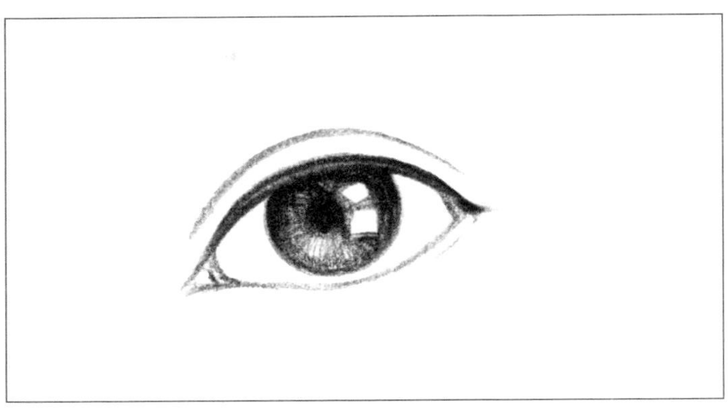

3. 음영을 주어 눈동자를 완성 시킨다.

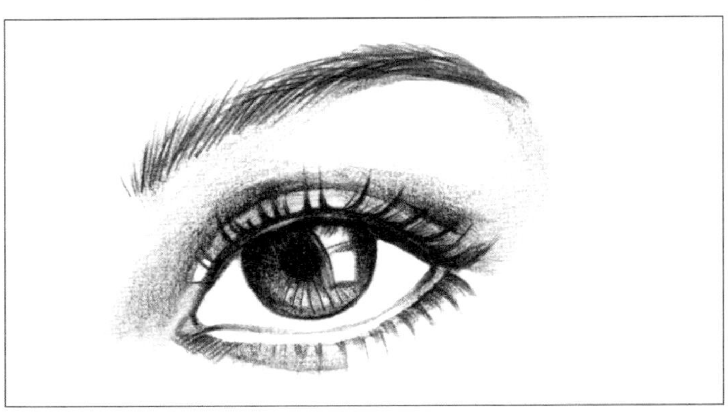

4. 눈썹의 눈썹머리는 눈머리보다 약간 안으로 들어가게 그려준다. 눈썹꼬리는 눈썹머리보다 내려오지 않도록 그려준다. 섀도를 넣을 때에는 눈머리와 눈꼬리의 부분을 진하게 넣고, 높은곳을 향해서 점점 밝게 그러데이션으로 해 간다.

※ 왼쪽 눈과 오른쪽 눈의 간격은 눈 하나 들어갈 정도로 한다.

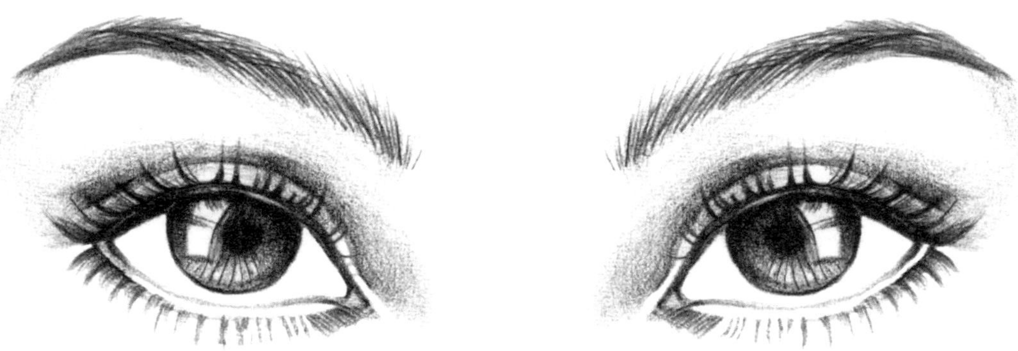

(3) 눈과 눈썹 그리기 _ 옆면

옆 방향의 눈은 정면 방향의 눈과는 모양이 조금 달라진다. 눈의 크기도 정면 방향의 눈에 1/2만큼의 크기로 보인다.
속눈썹은 꼭 머리 쪽부터 털 끝으로 향해서 곱슬하게 위로 올려 그린다.
윗눈꺼풀은 바깥쪽으로 나온다.
눈동자도 반으로 보인다.

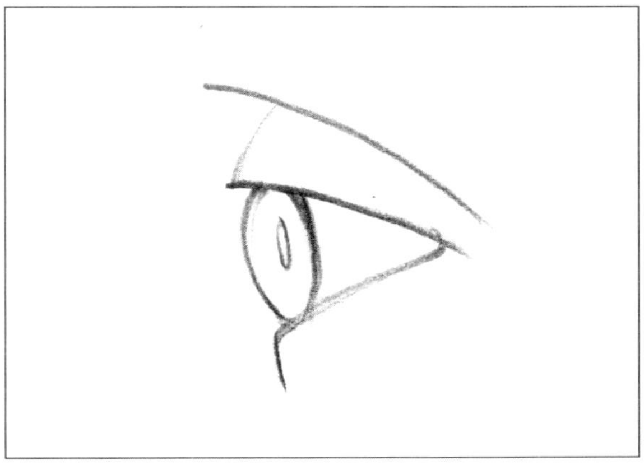

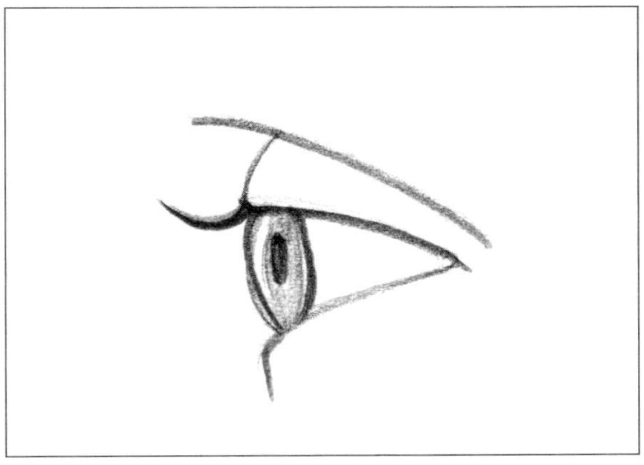

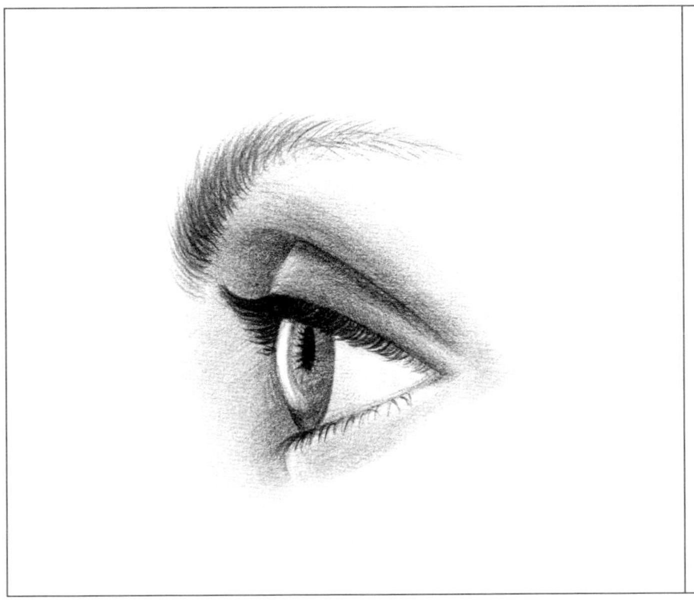

5. 코 그리기

코는 가운데 콧대를 중심으로 좌우 대칭이 되도록 그린다. 콧망울이 가장 어둡고 그 밑을 어둡게 표현해 준다.
콧대가 가장 밝은 부분으로 표현해주고 그 양옆으로 중간 톤을 넣어 준다.

(1) 코 그리기 _ 정면

콧방울과 코끝을 둥글게 한다. 중심선 콧방울을 좌우 대칭으로 그린 후 그늘이 되기 때문에 선은 진하게 그려서 완성시킨다.

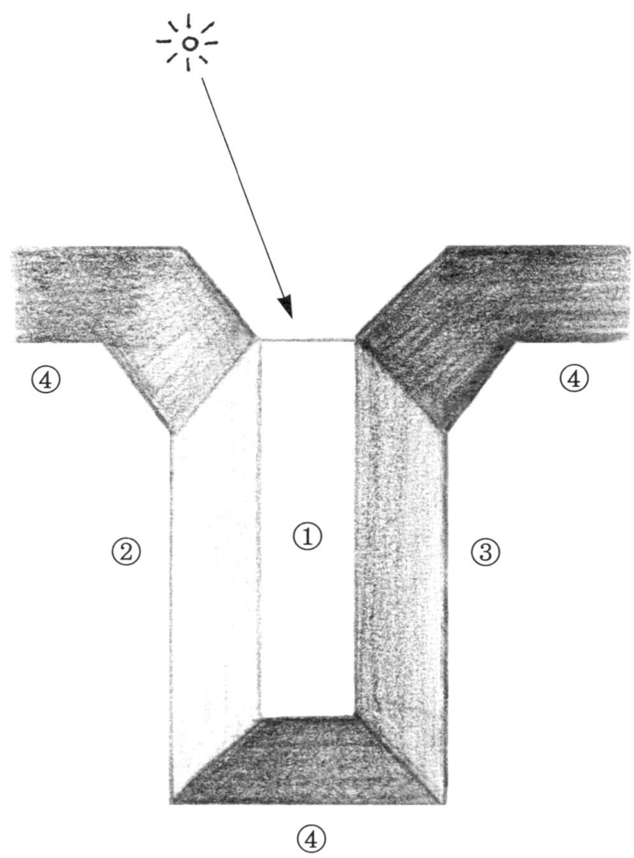

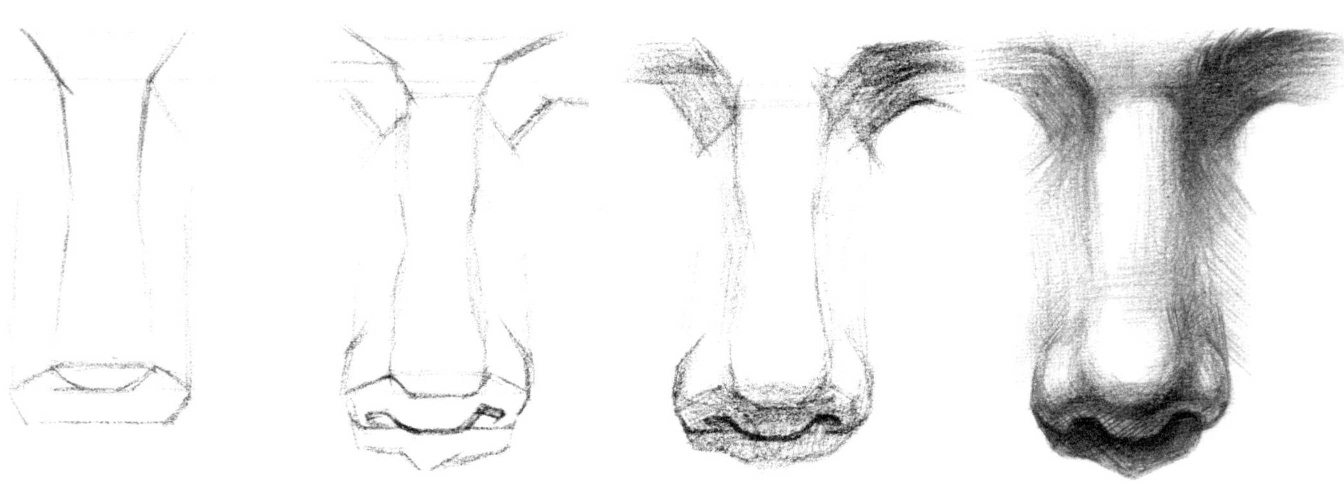

(2) 코 그리기 _ 옆면

콧방울과 코끝을 둥글게 한다. 코의 아랫선은 코끝과 콧방울의 1/2로 그린다.
코의 라인은 그늘이 되는 부분을 진하고 굵게 그린다.

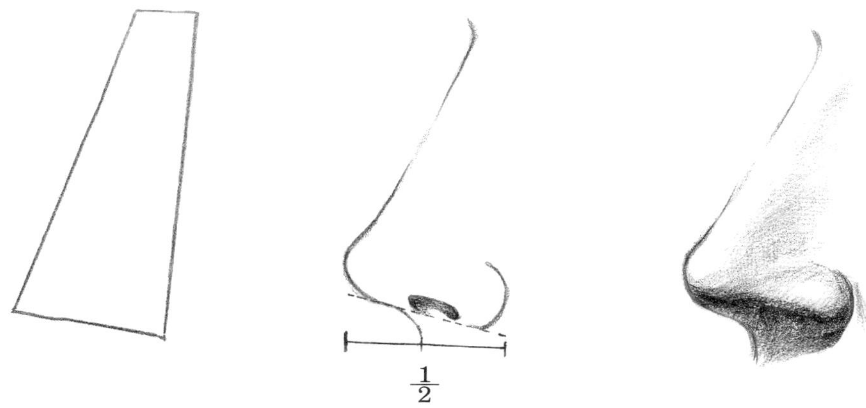

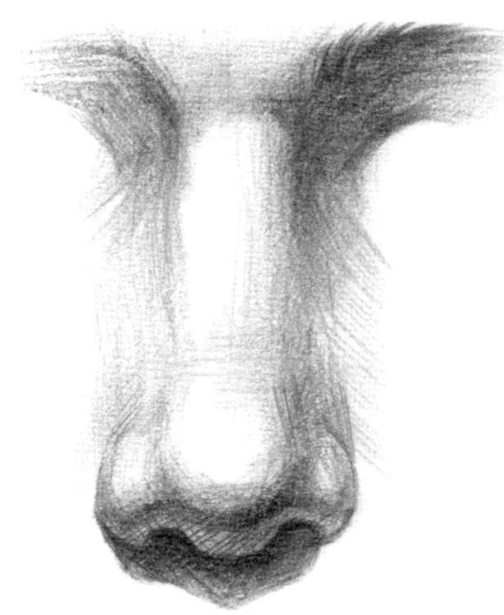

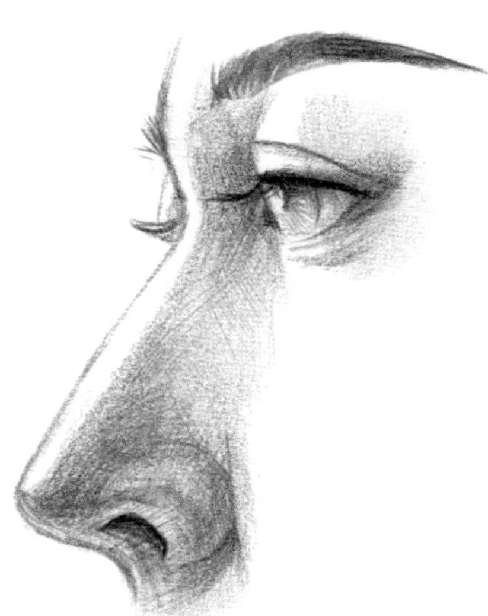

6. 입 그리기

입은 사람의 감정이나 기분을 가장 잘 말해주는 매우 중요한 곳이다. 입가는 "치즈" 가볍게 말하면 입의 각이 조금 올라가서 귀엽고 아름다운 입으로 보인다. 또 반대로 내리면 성난 표정이 된다. 즉 표정을 결정하는 첫째 요소이다.

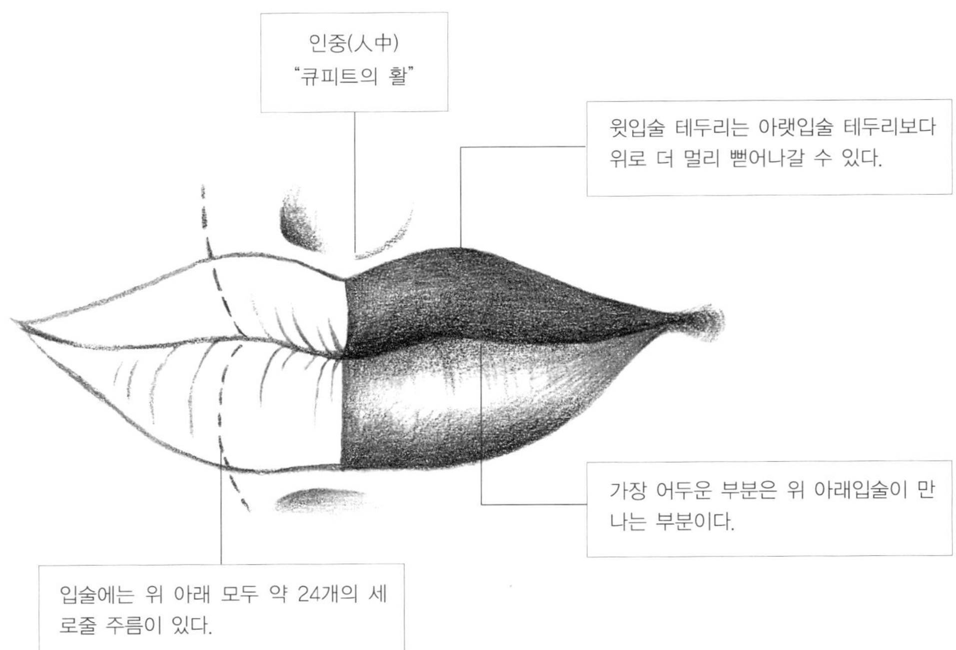

(1) 입 그리기 _ 정면

윗입술은 아랫입술보다 두께가 얇아지도록 한다. 정면 방향의 입술은 중심선에서 좌우 대칭형으로 그린다. 아랫입술은 두께가 있기 때문에 라인을 진하고 굵게 한다.

(2) 입 그리기 _ 비스듬한

중심선보다 좁아 입술의 크기를 4:6으로 그린다. 윗입술은 바깥쪽으로 아랫입술은 안쪽으로 들어간다.

(3) 입 그리기 _ 옆

정면 방향의 입의 1/2크기로 입모양에서 주의하여 그린다.

※ 입술의 형태는 치아모양에 의해 좌우 대칭이다.

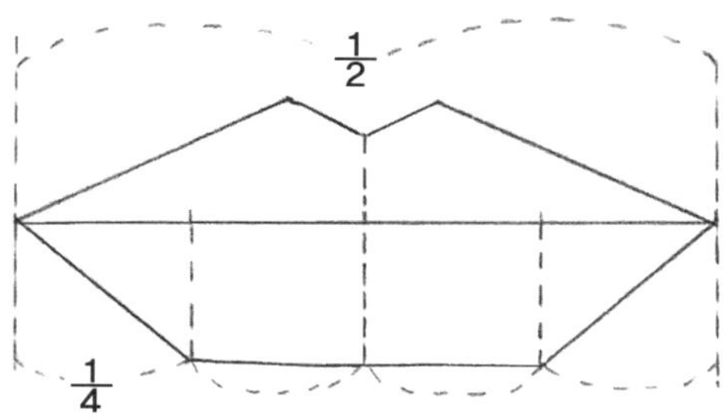

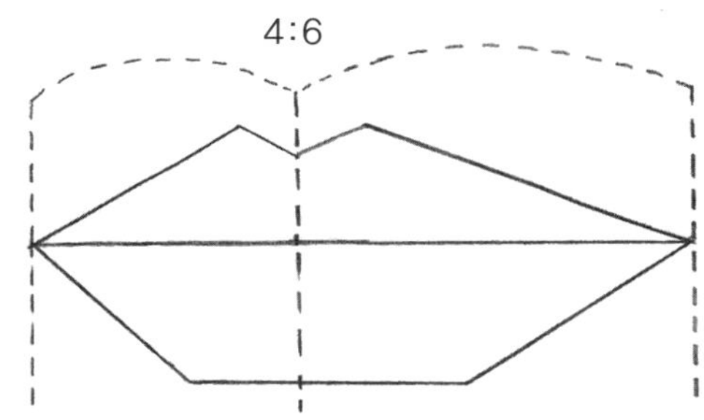

※ 입 정면

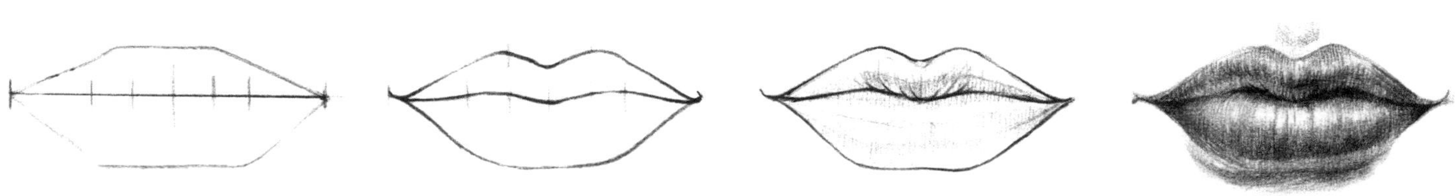

※ 입 비스듬한

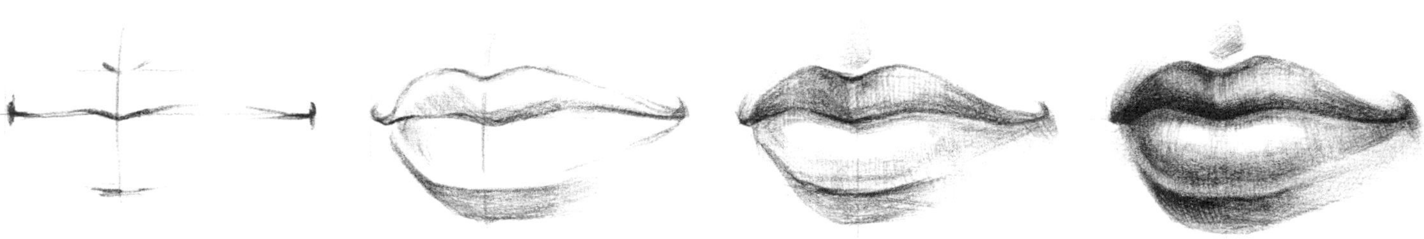

※ 입 옆면

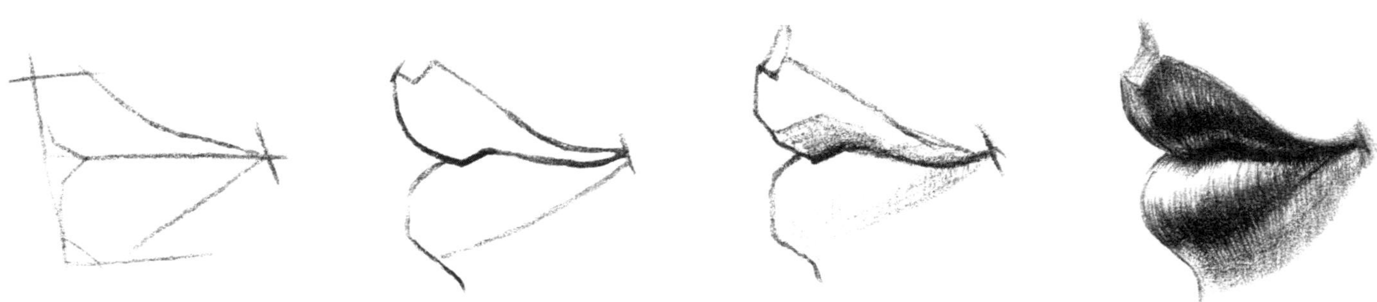

7. 귀 그리기

귀의 외곽모양을 잘 관찰한 후 표현해주고 귀의 어두운 부분과 그림자 부분을 스케치 해준다. 이륜을 그린 후 외이도와 움푹 들어간 부분에 그림자를 넣어 그린다. 어두운 부분을 기준으로 전체와의 조화를 이루며 완성한다.

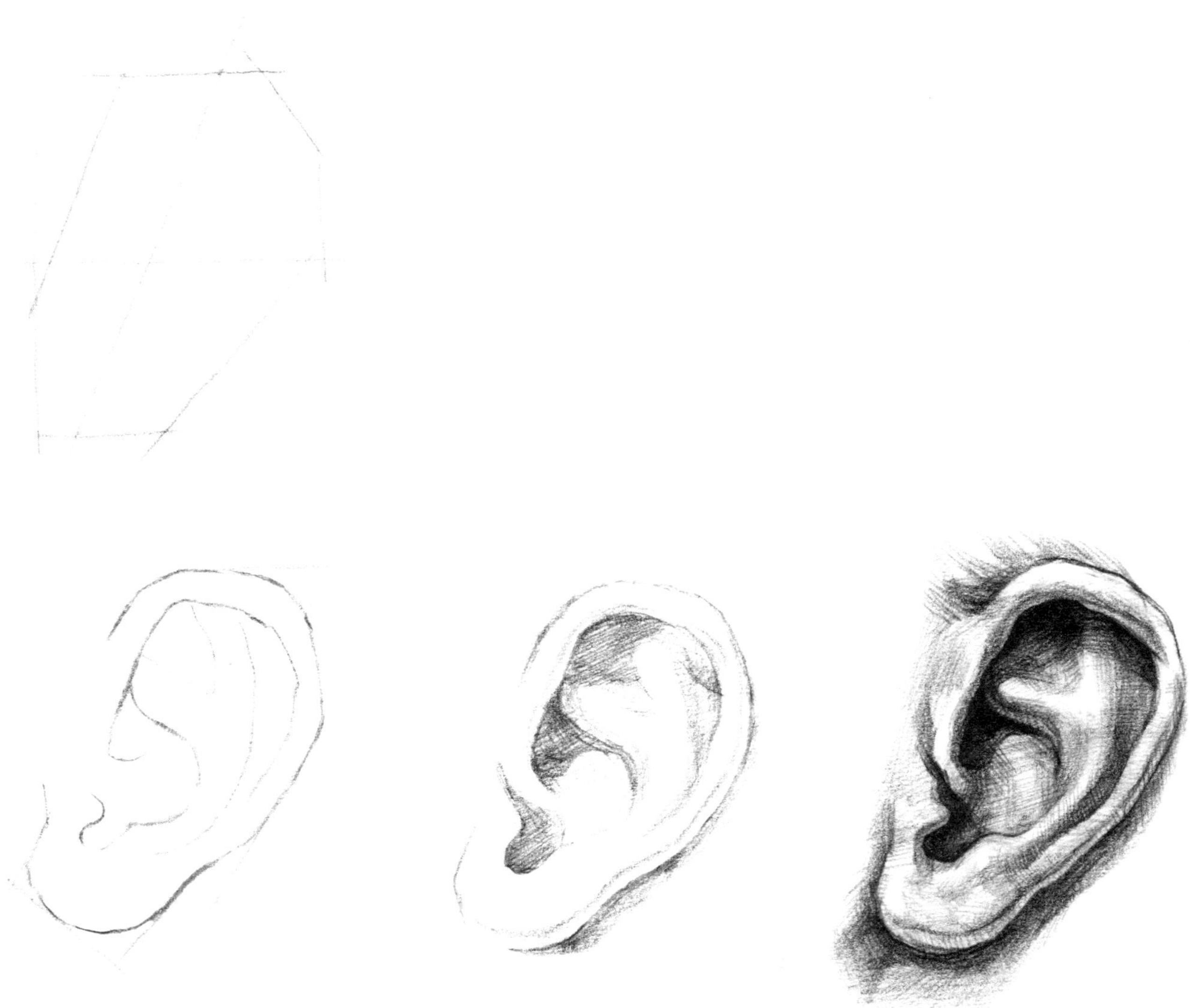

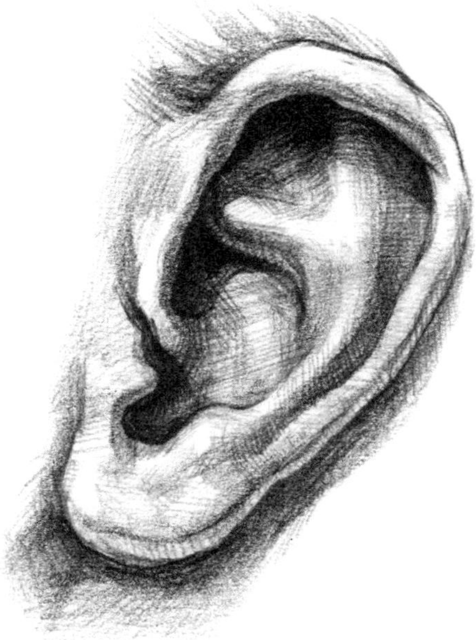

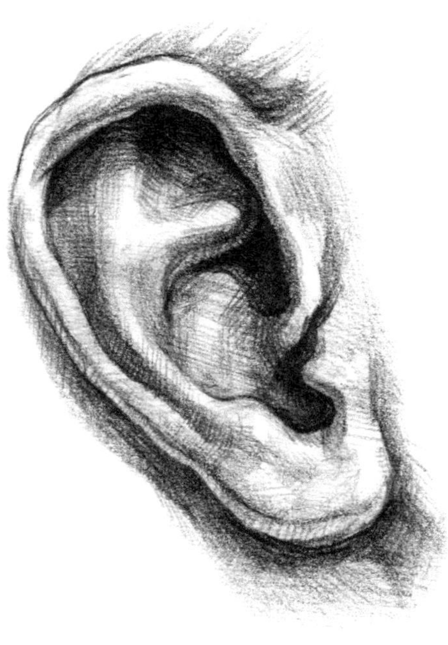

LESSON 5. 얼굴 그리기 FACE DRAWING

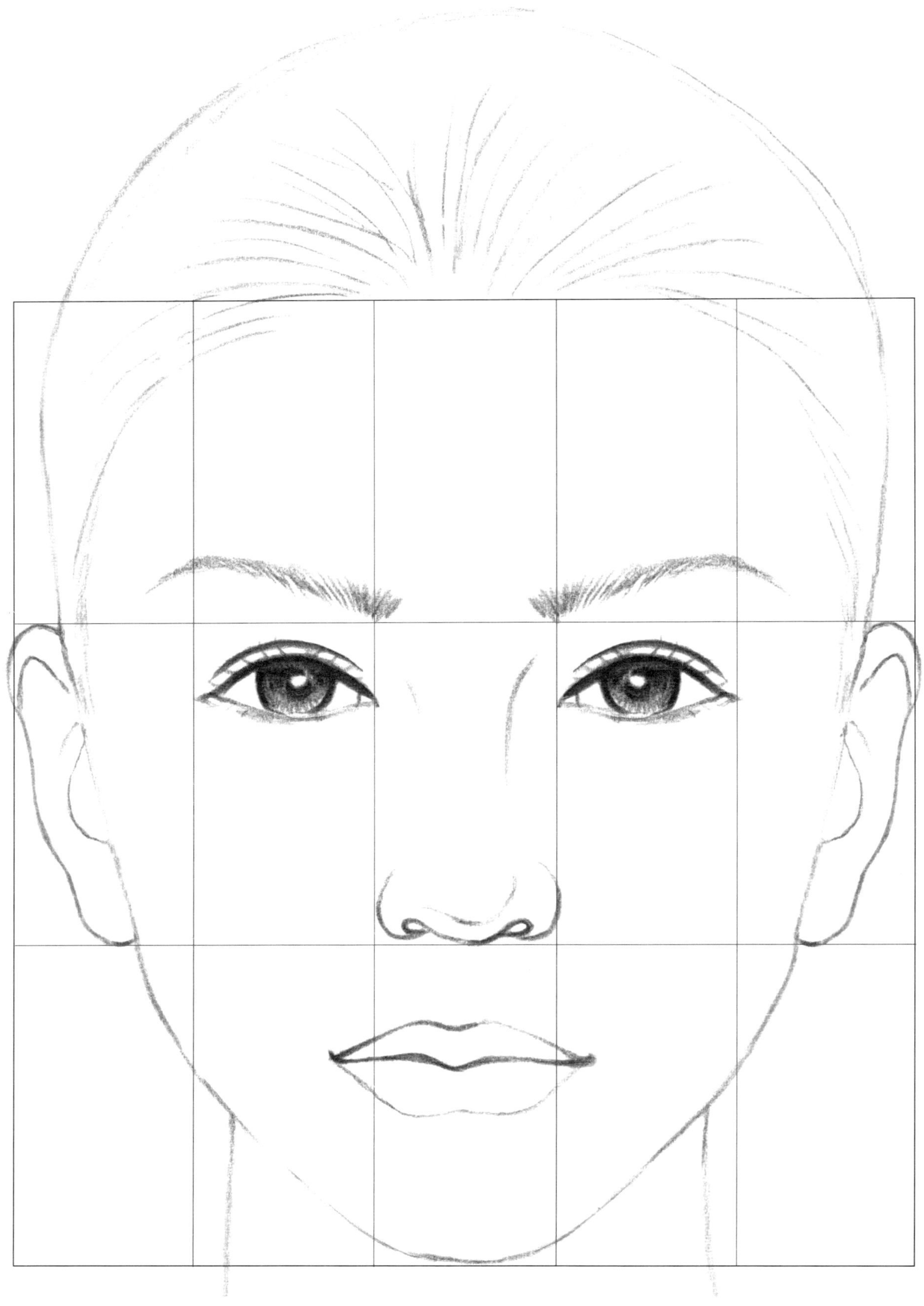

1. 정면 얼굴 _1

2. 긴형 얼굴

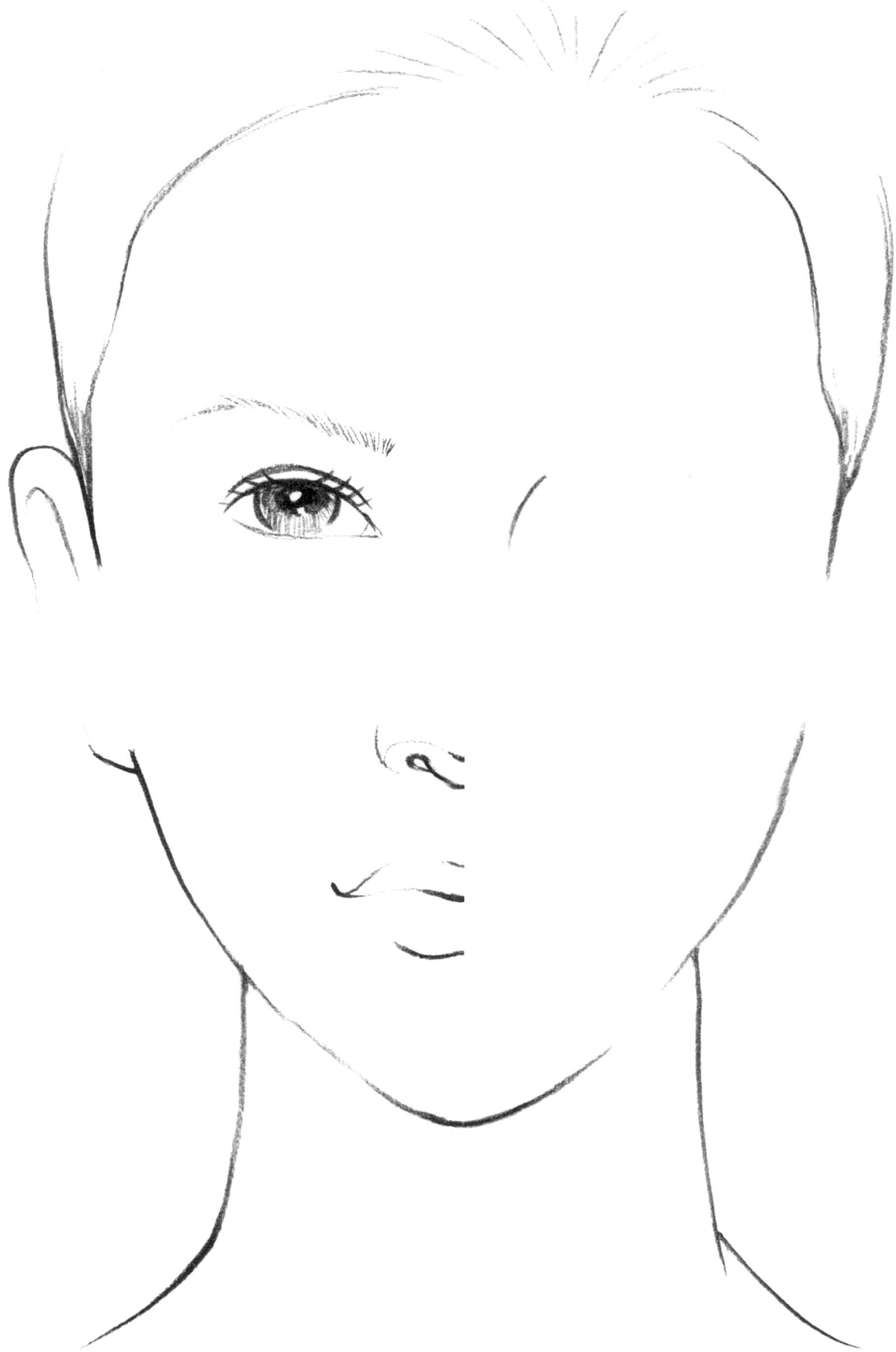

3. 둥근형 얼굴

4. 정면 얼굴 _2

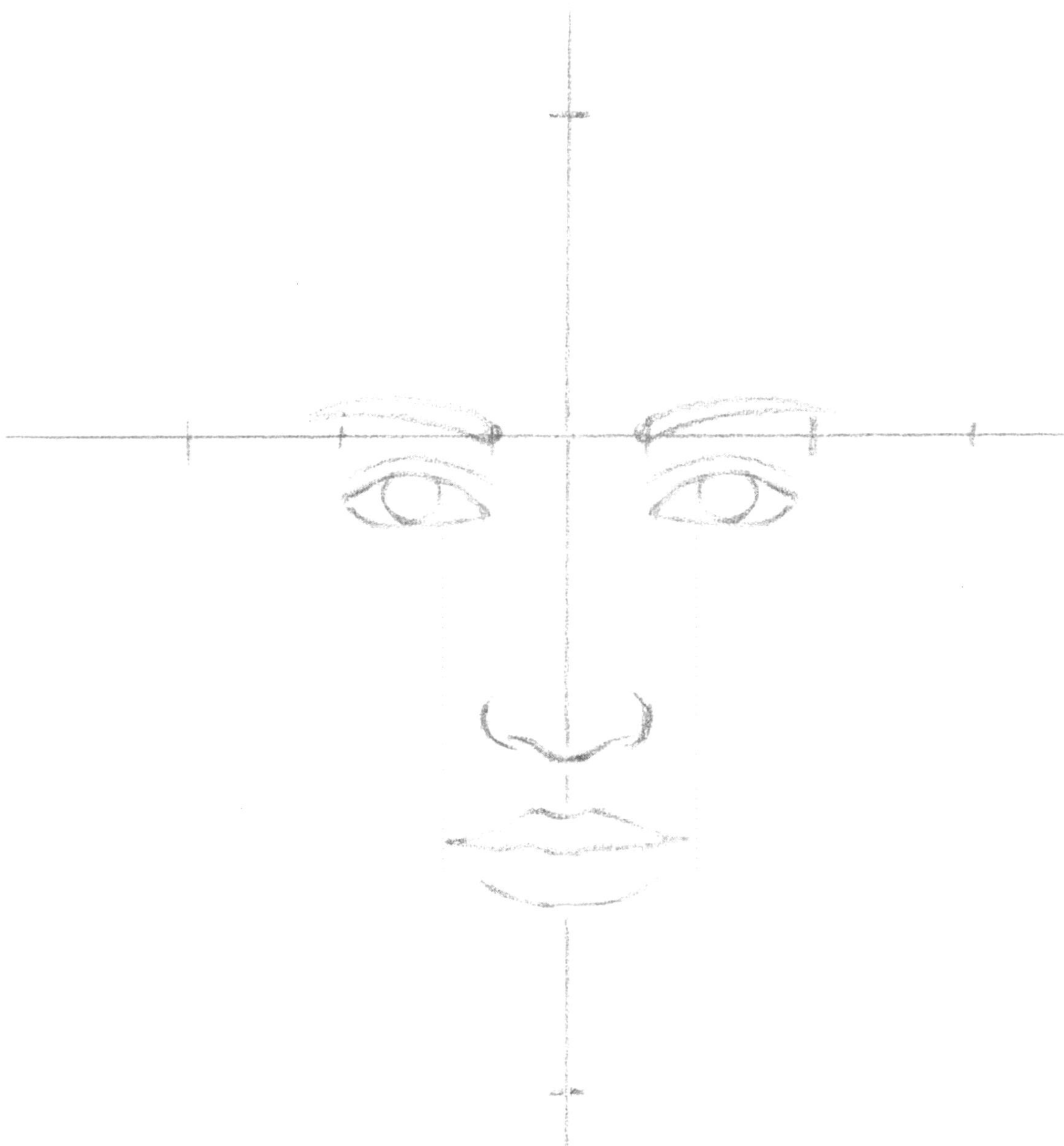

5. 얼굴 측면_1

6. 얼굴 측면_2

LESSON 6. 눈썹 및 여러가지 패턴 연습

1. 눈썹 연습

2. 패턴 연습

1. 눈썹 그리기

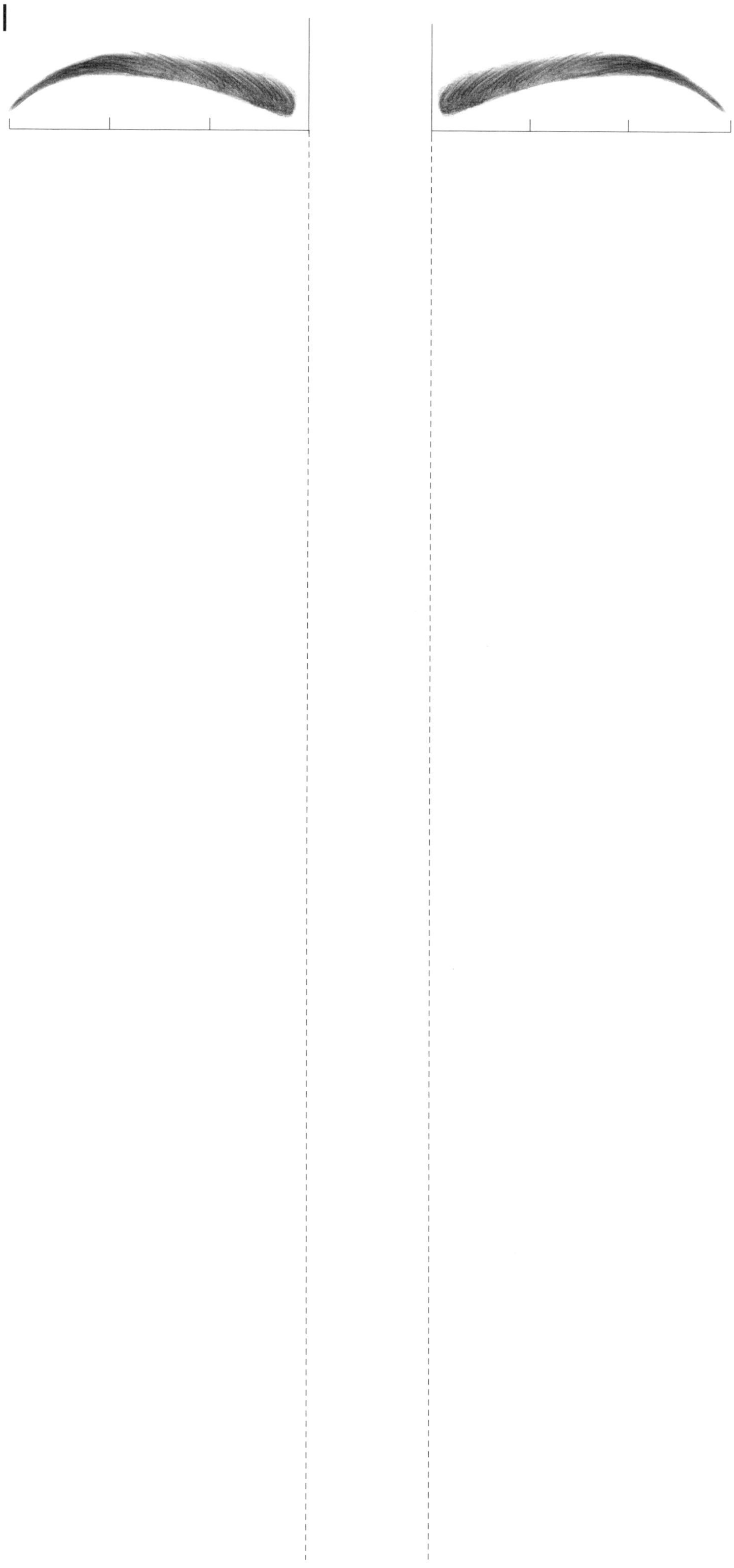

❖ 기본형

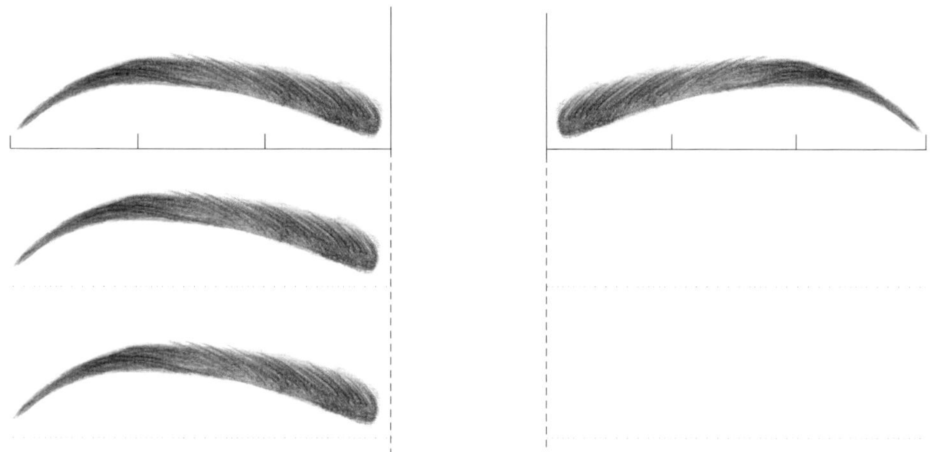

❖ 아치형

❖ 일자형

❖ 상승형

※ 기본형

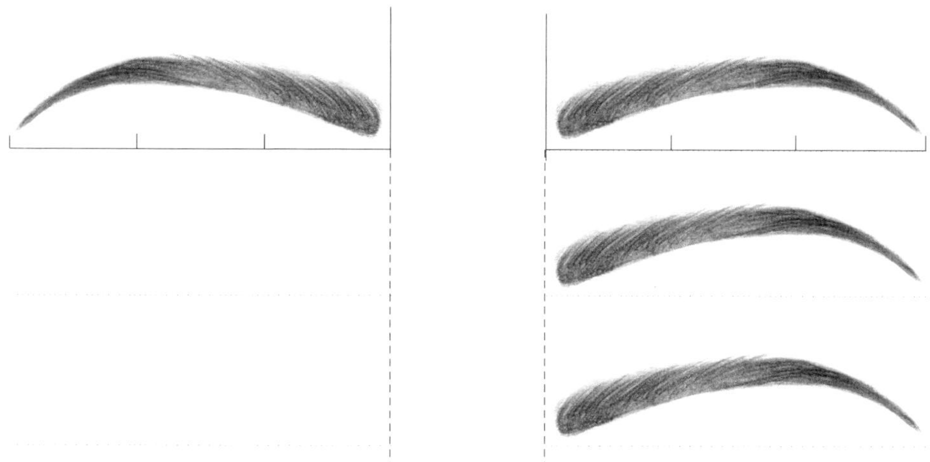

※ 아치형

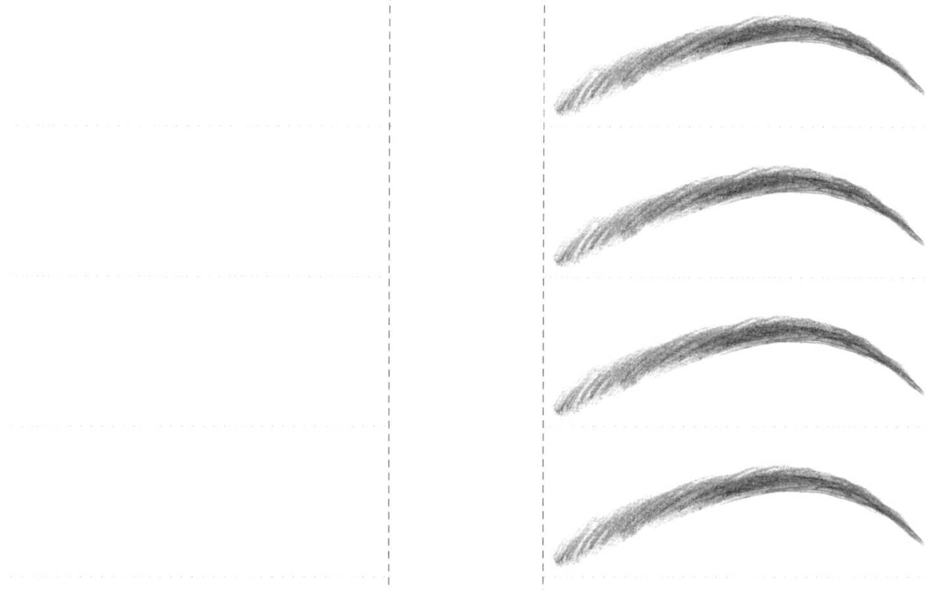

※ 일자형

※ 상승형

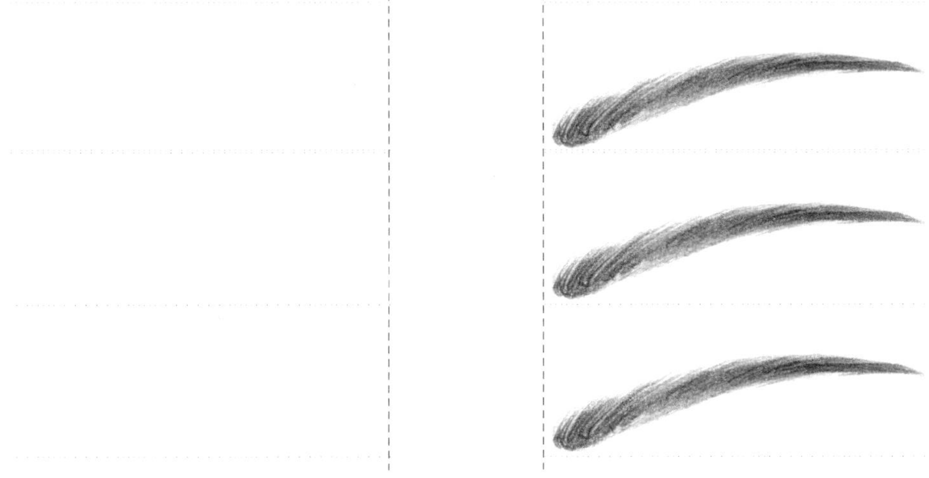

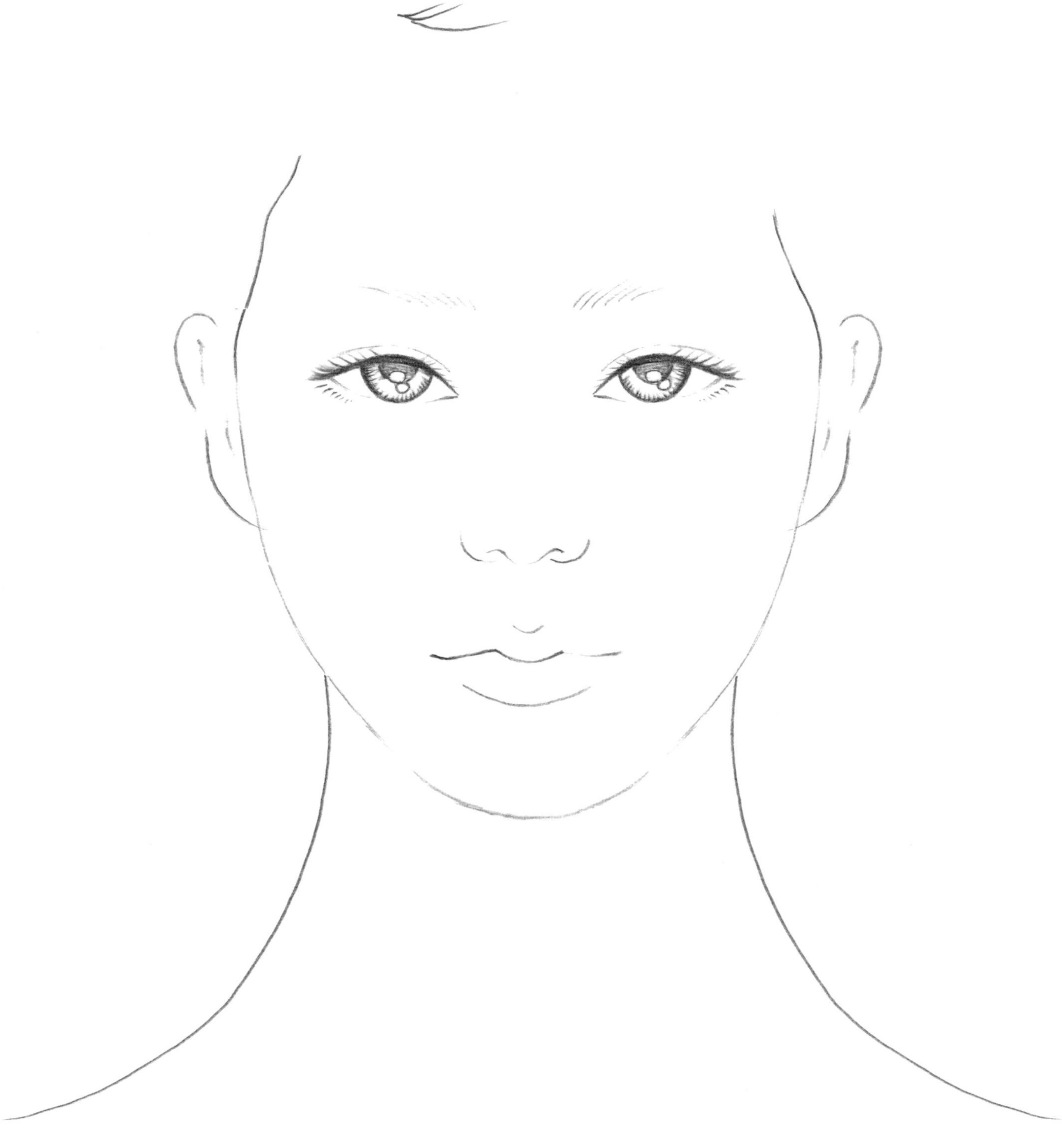

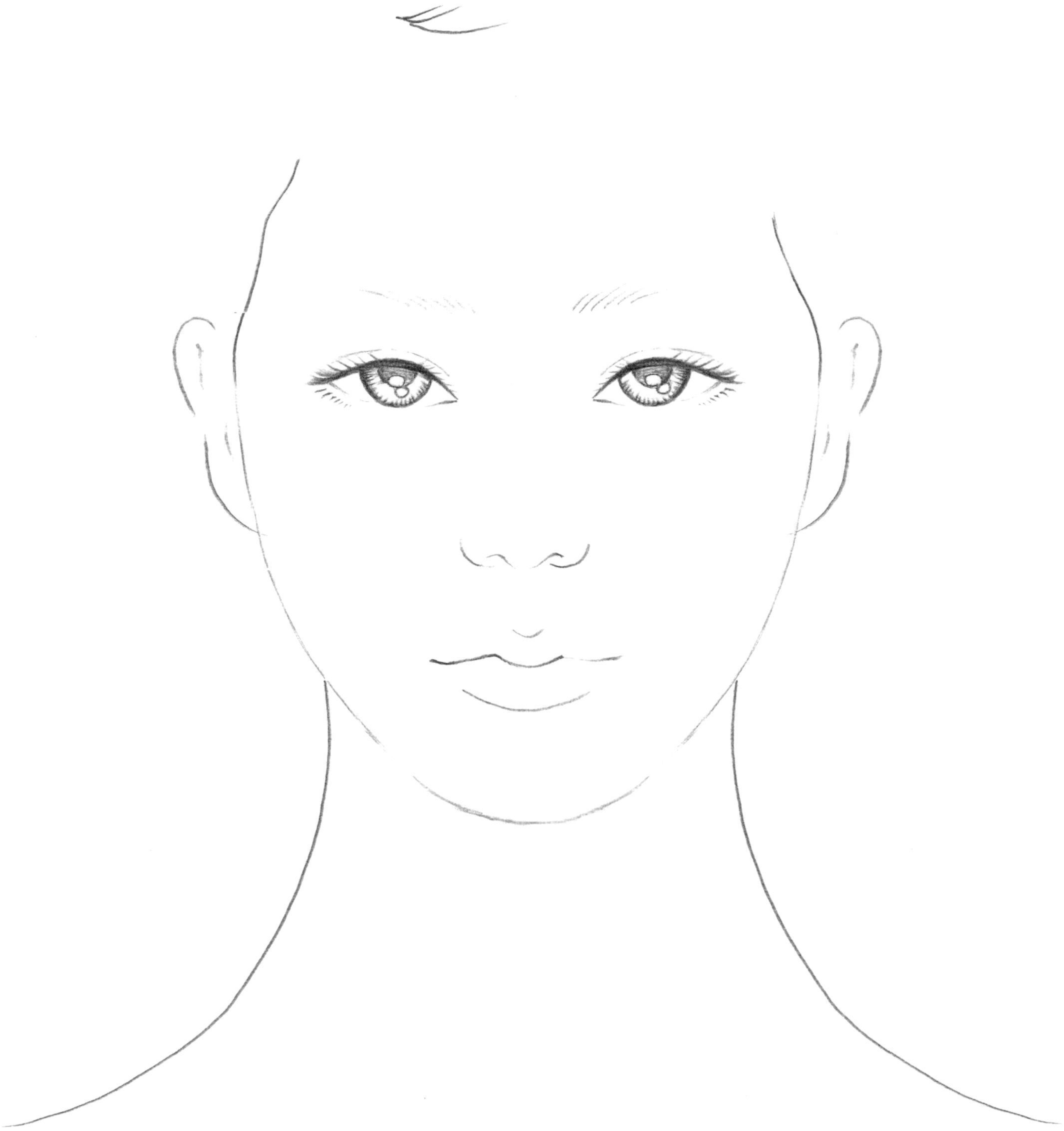

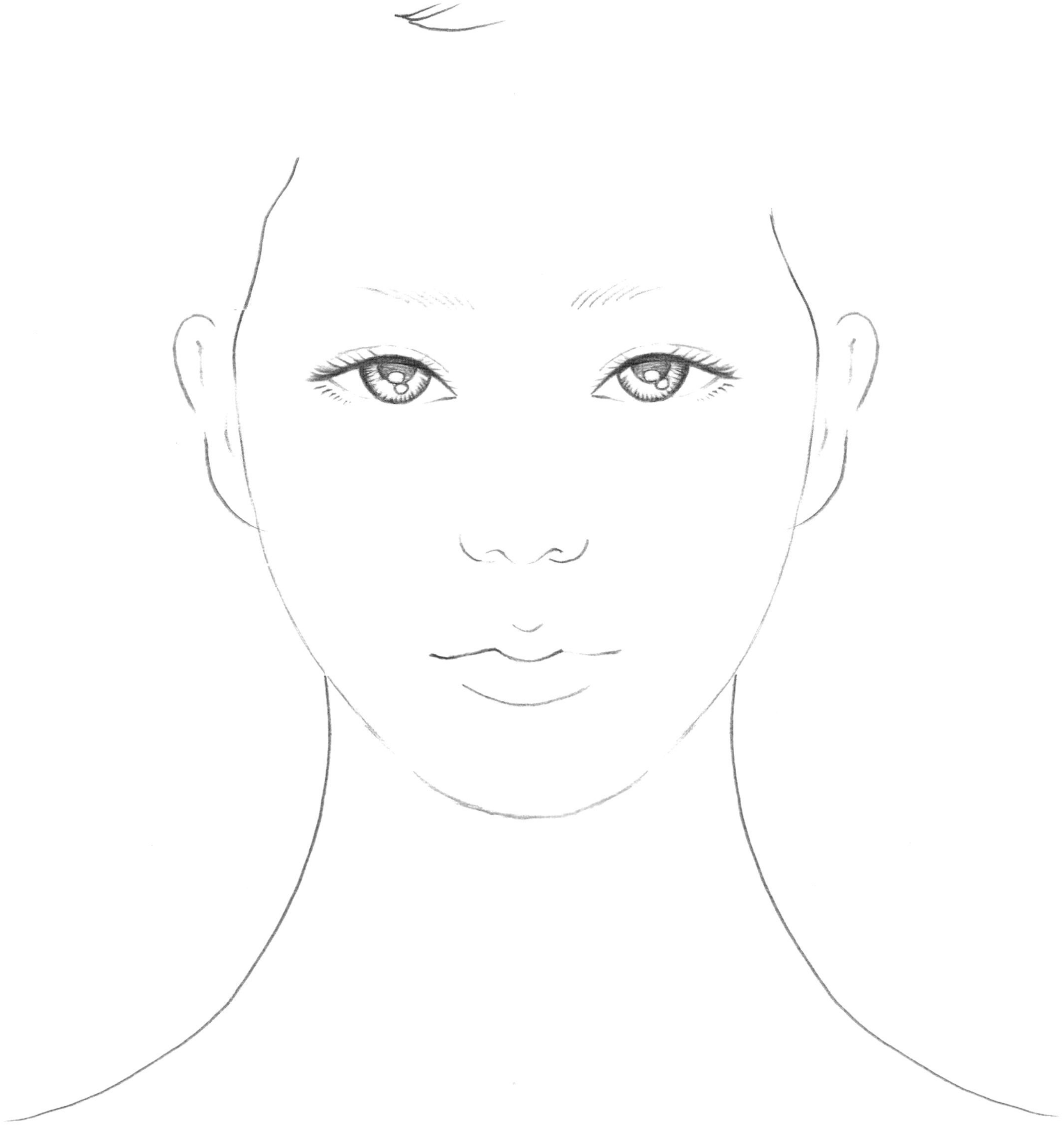

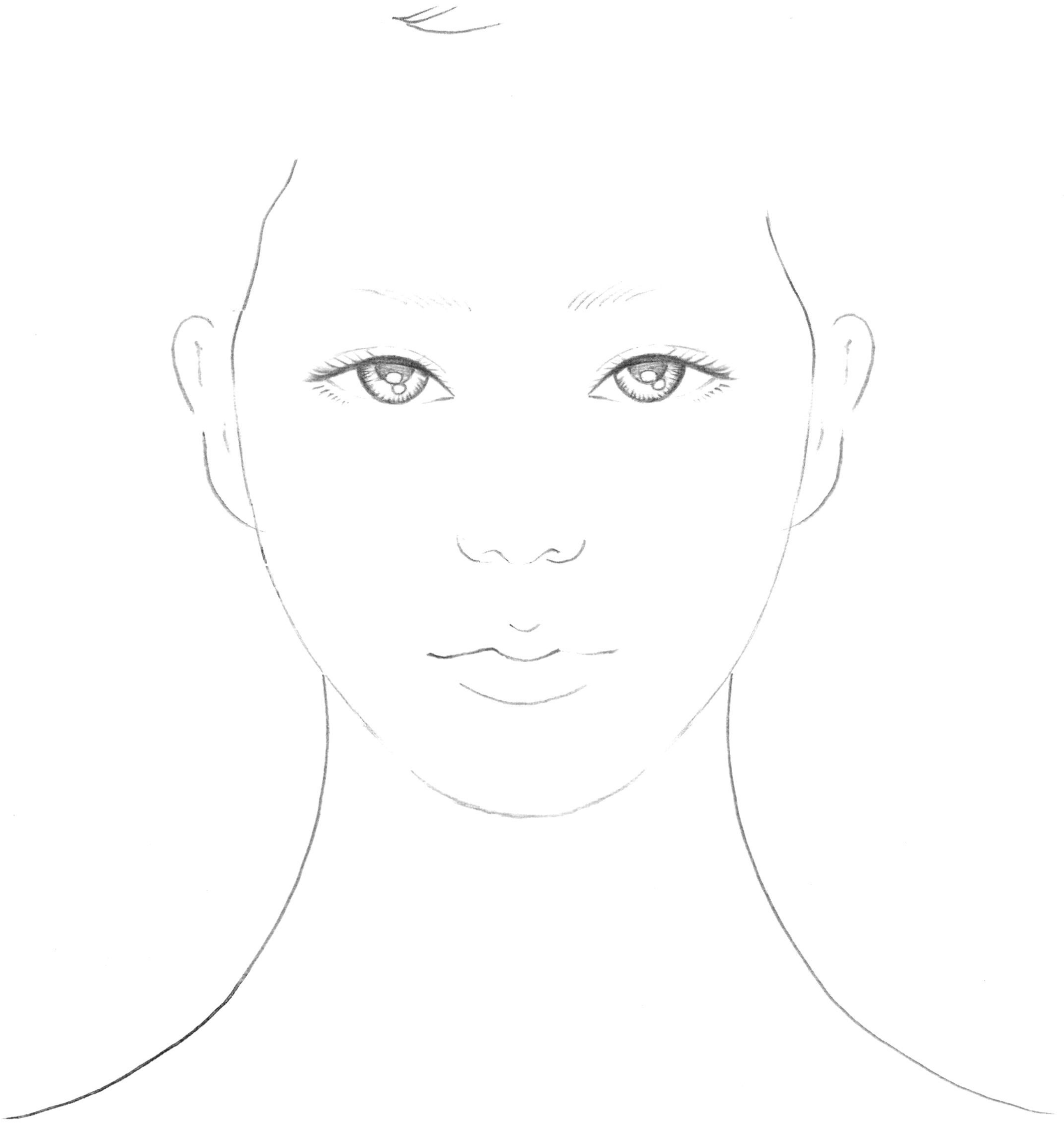

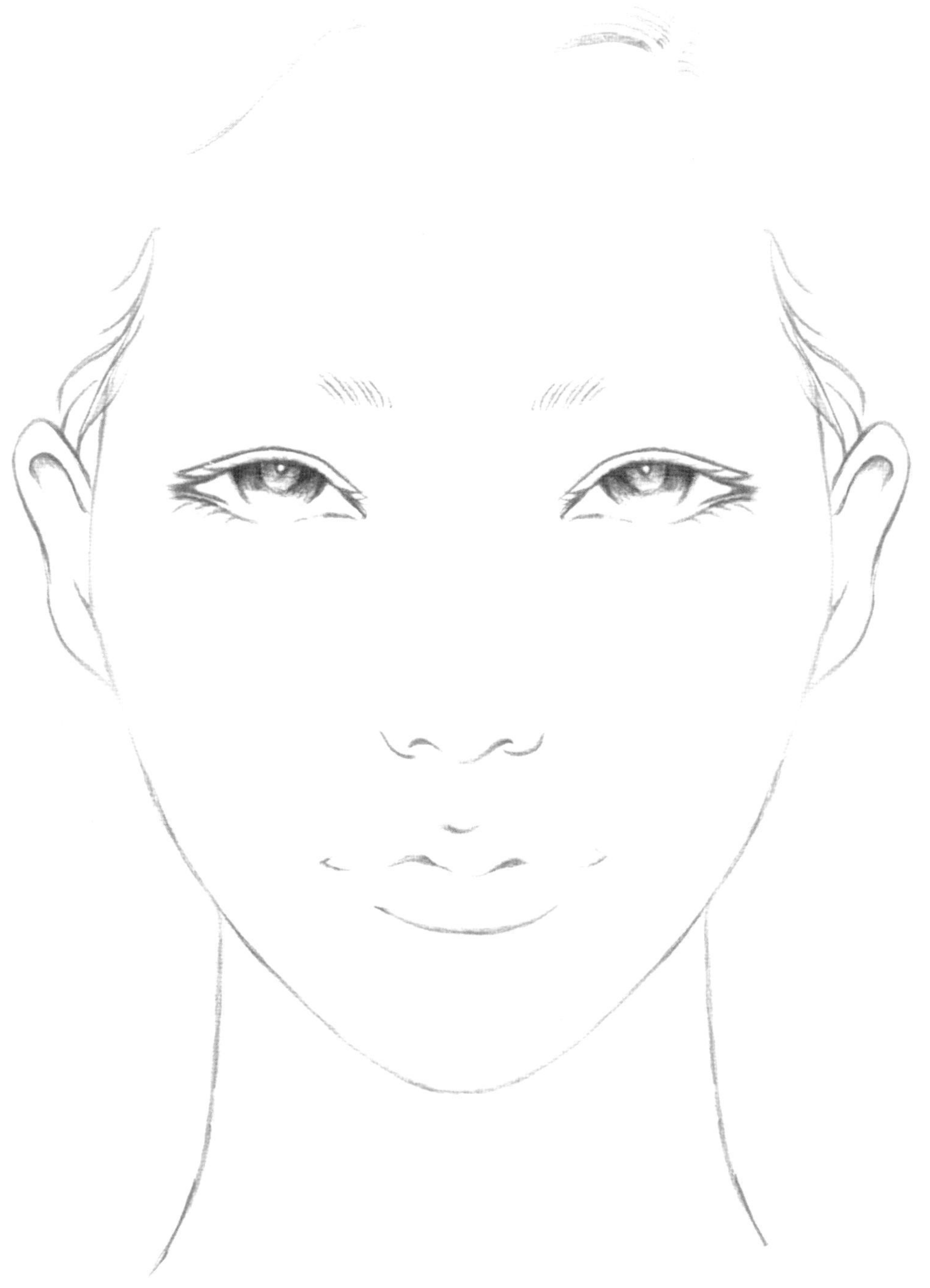

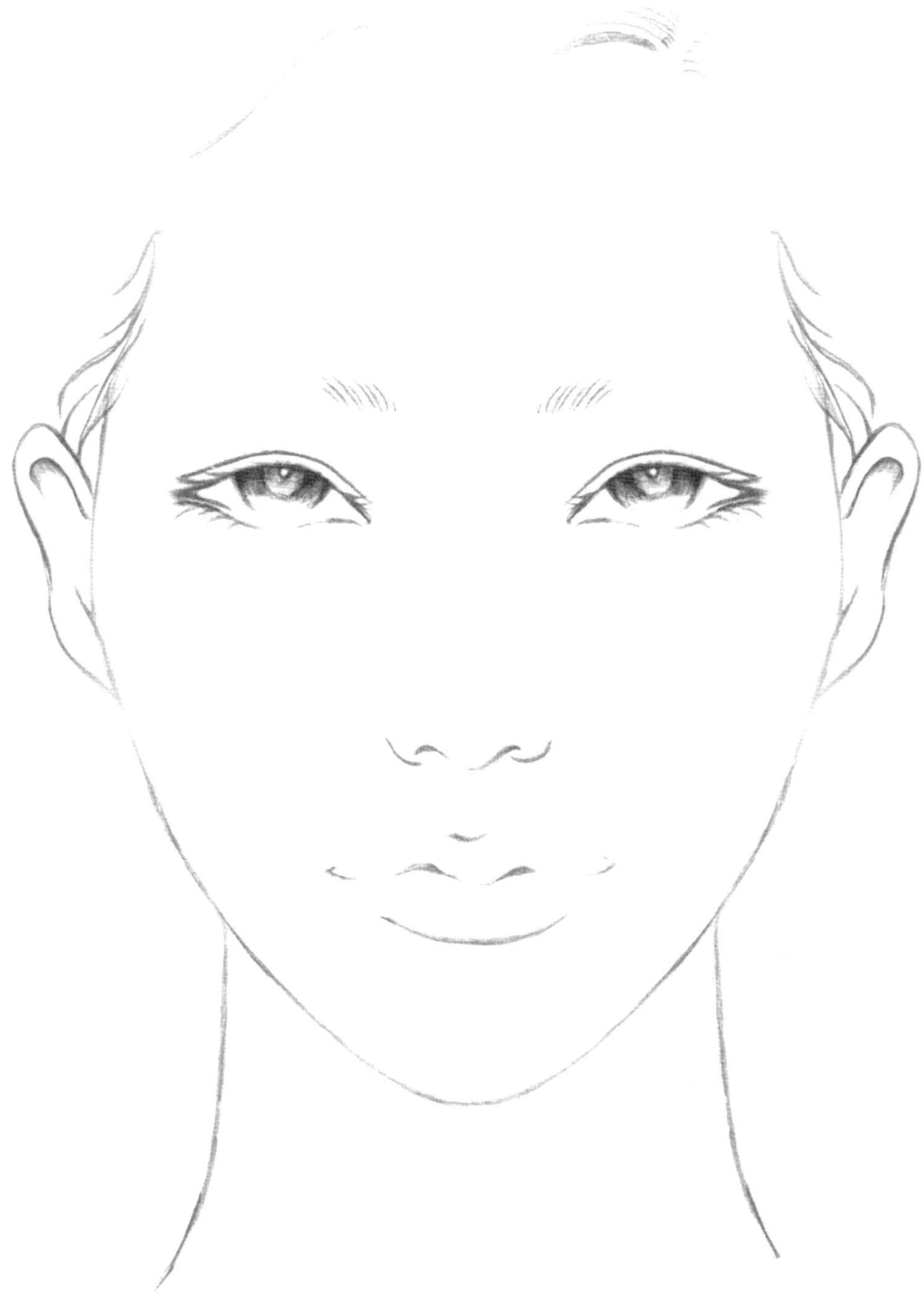

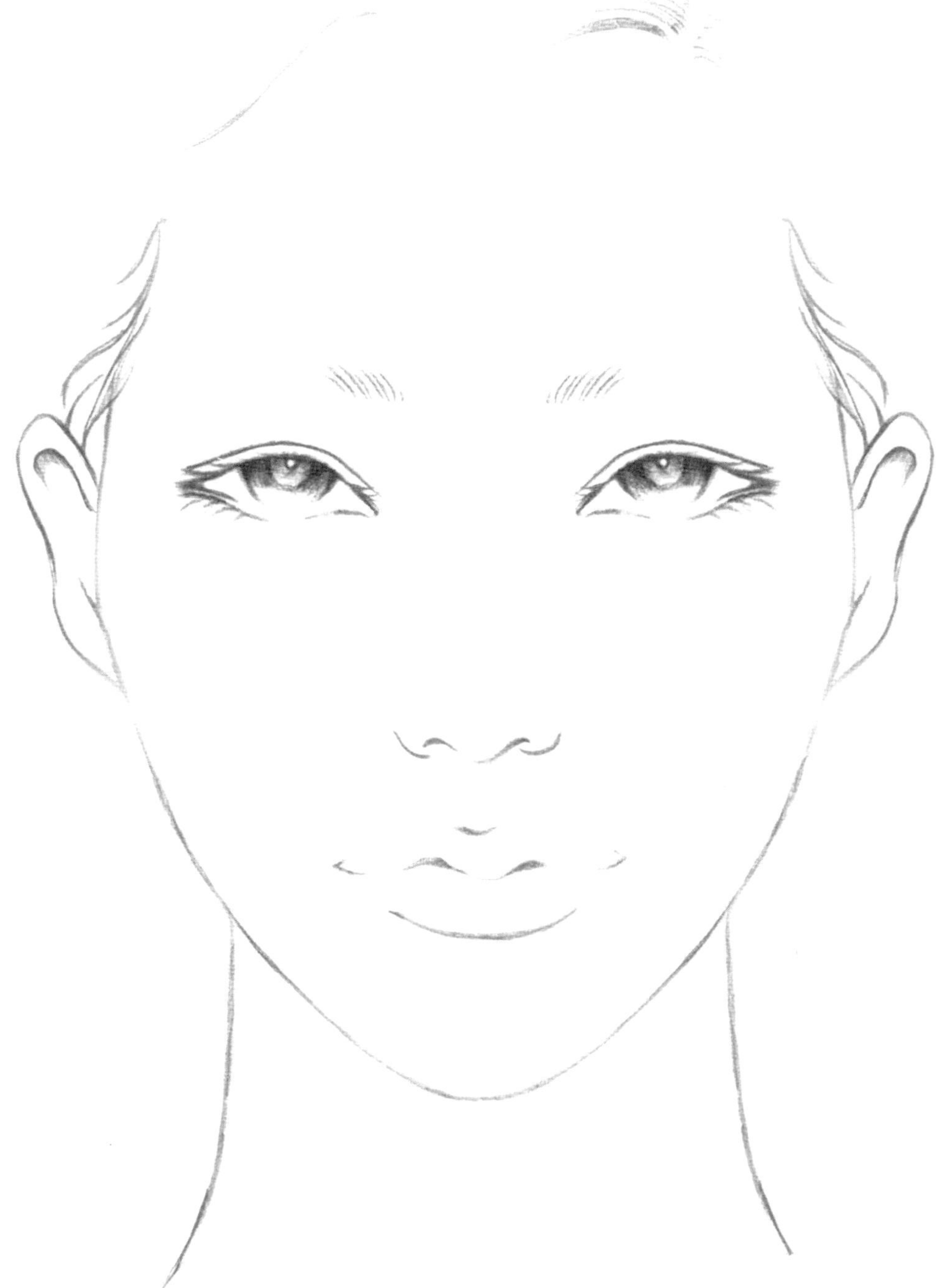

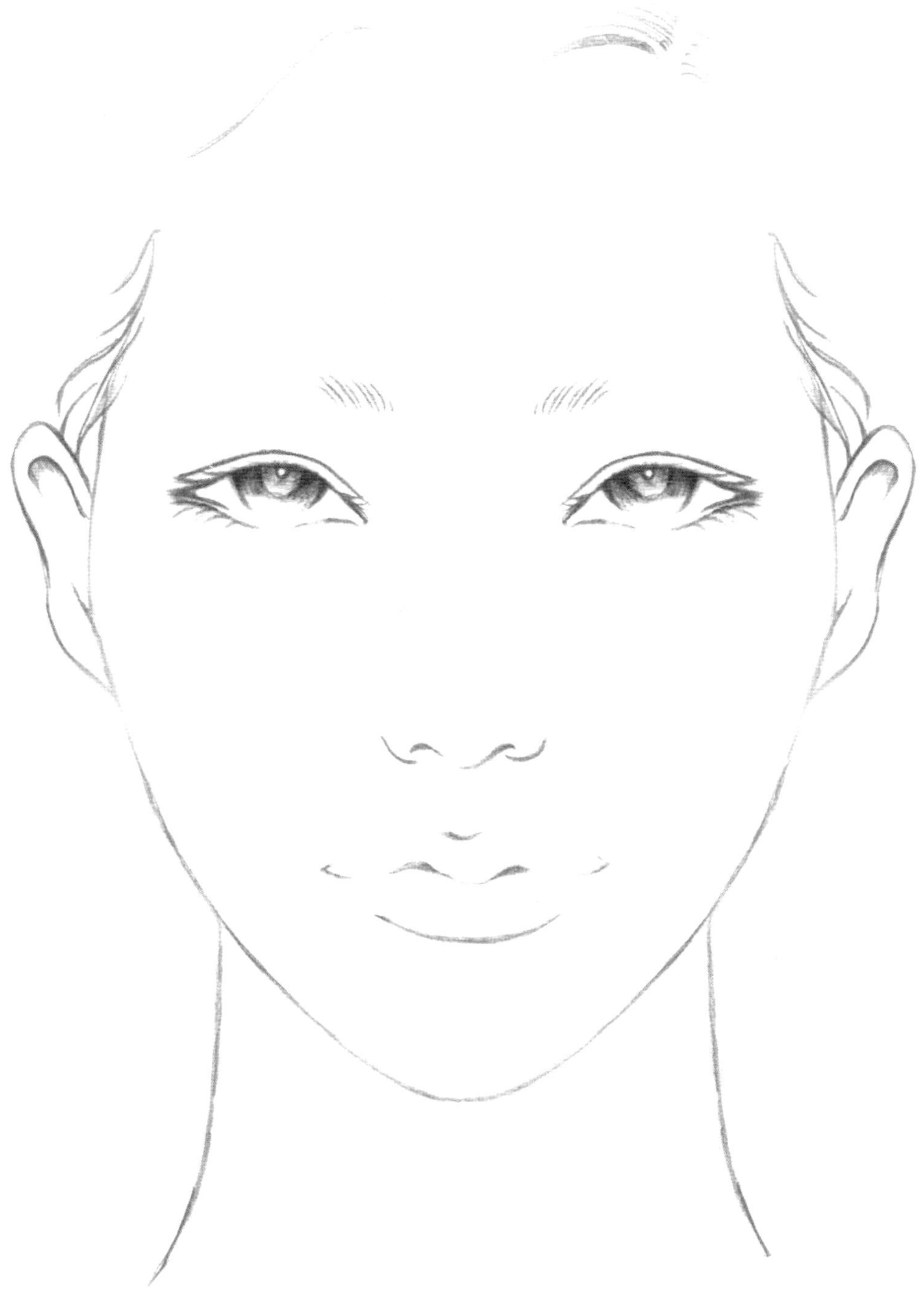

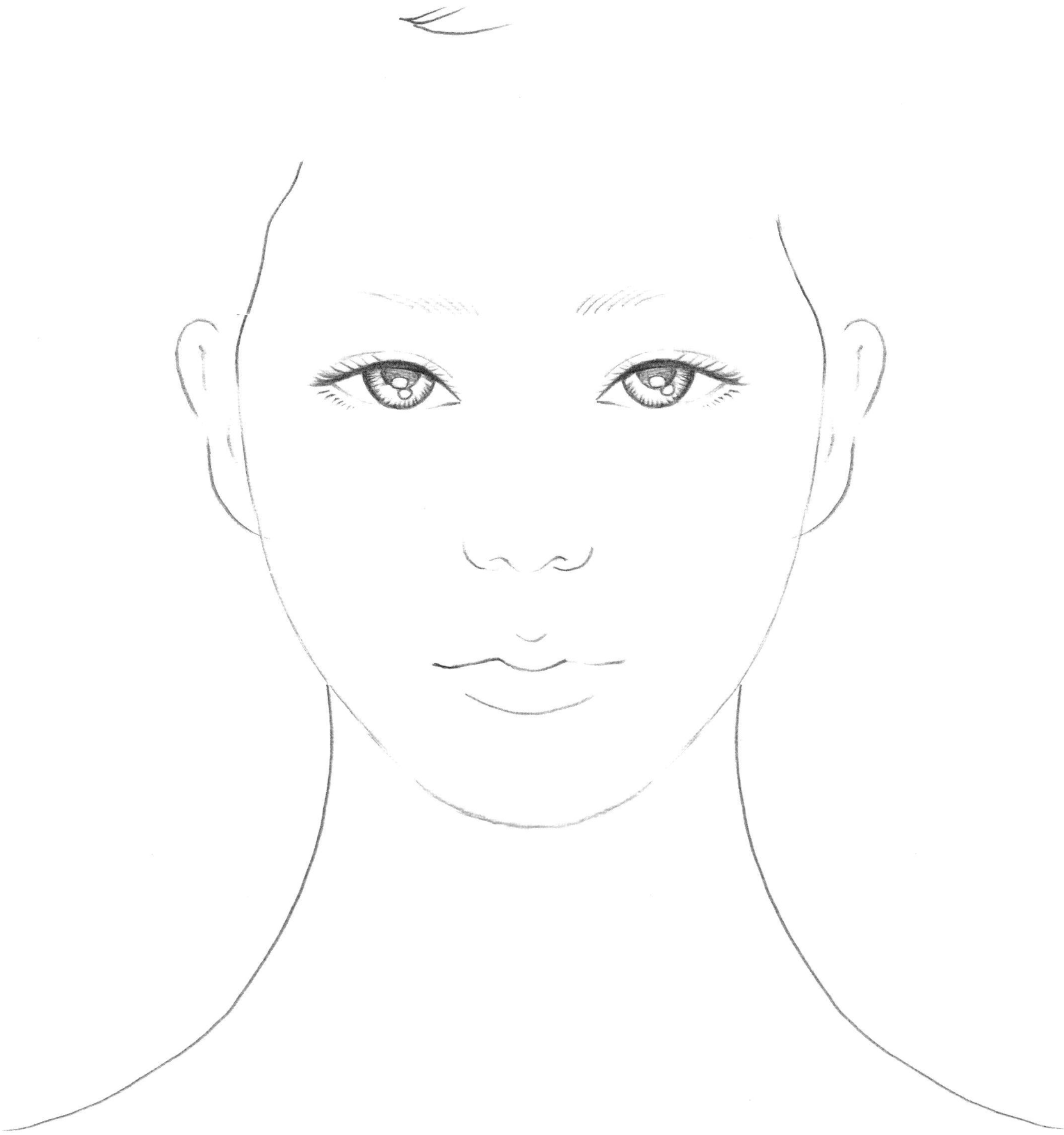

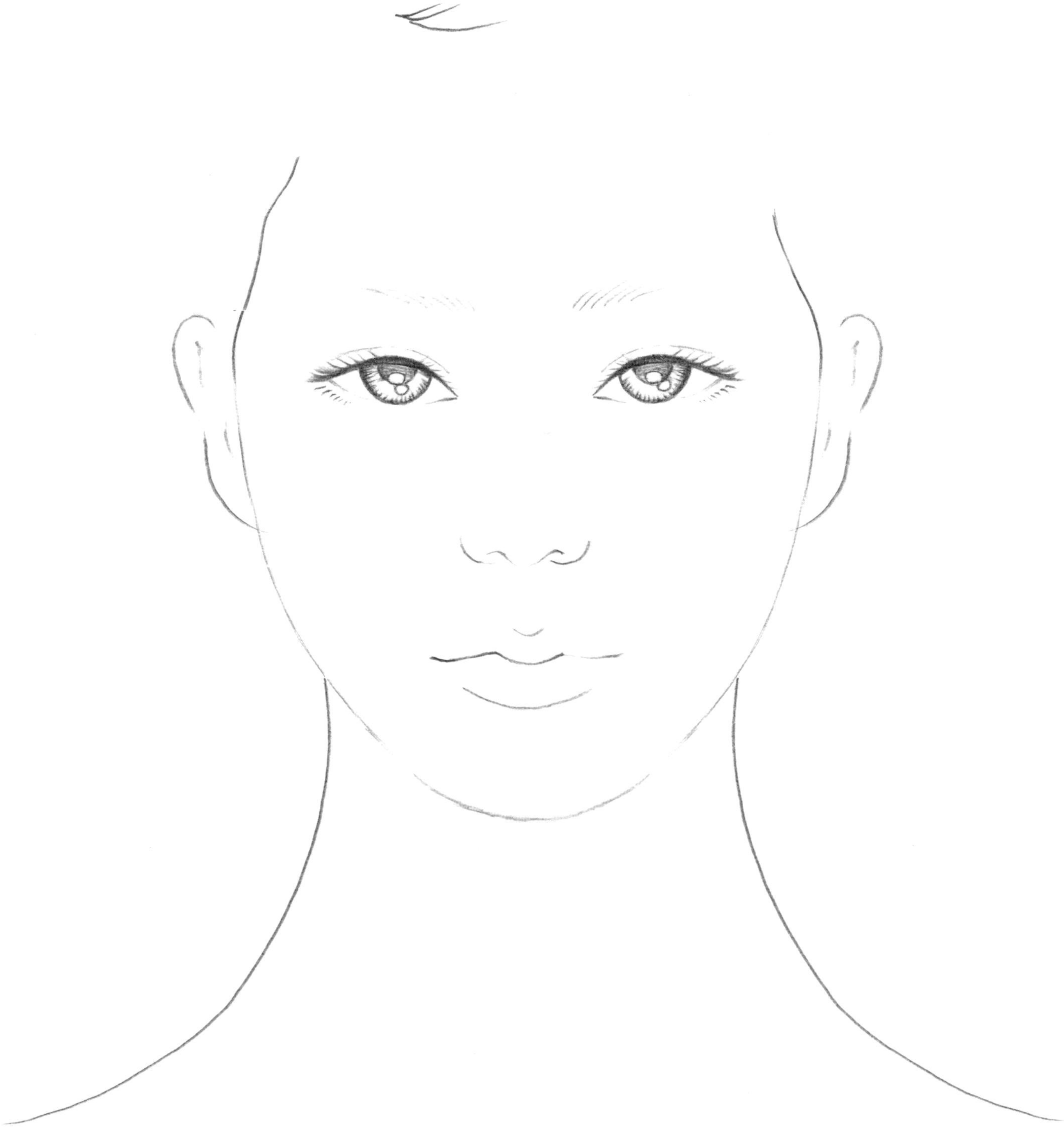

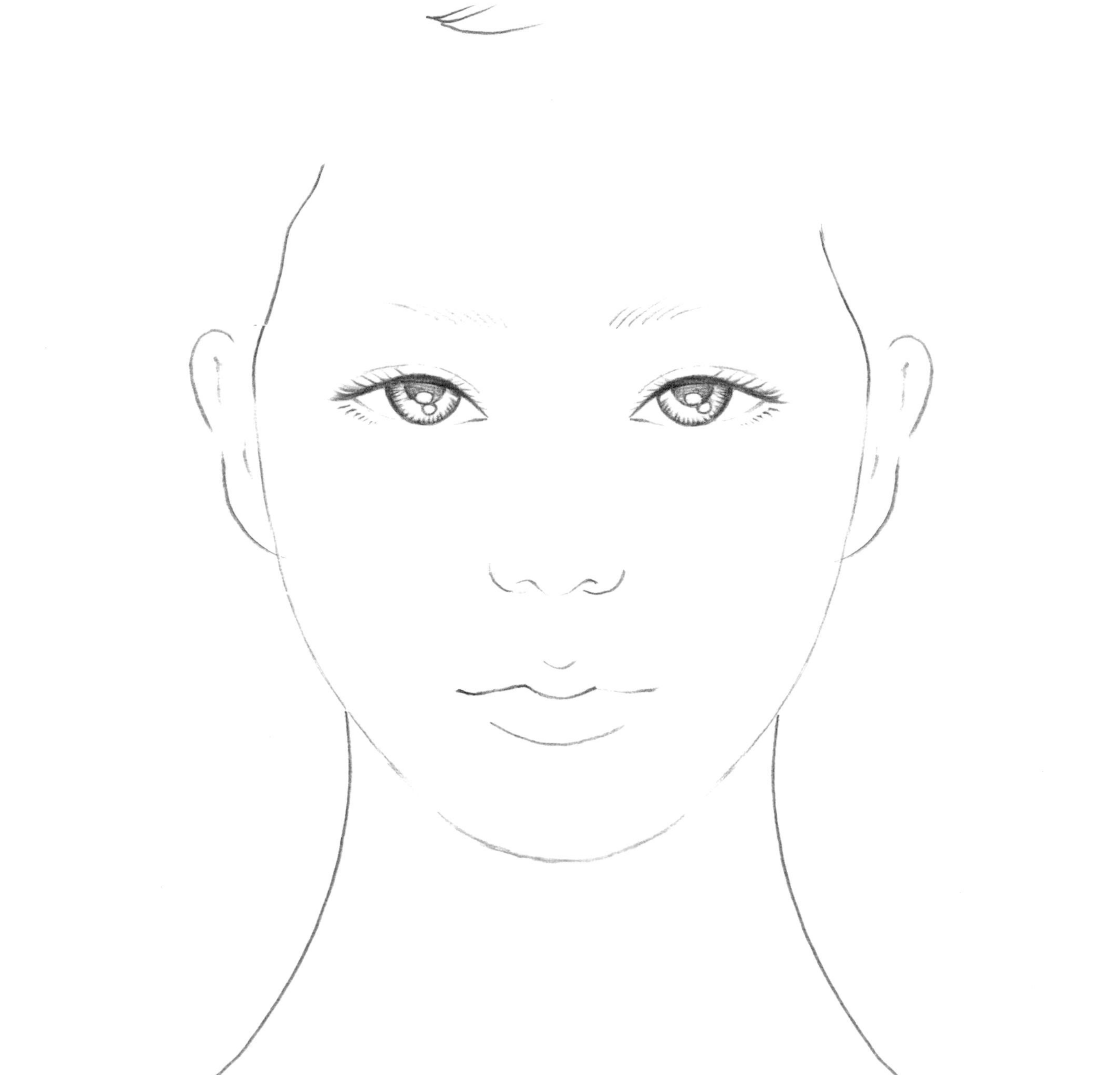

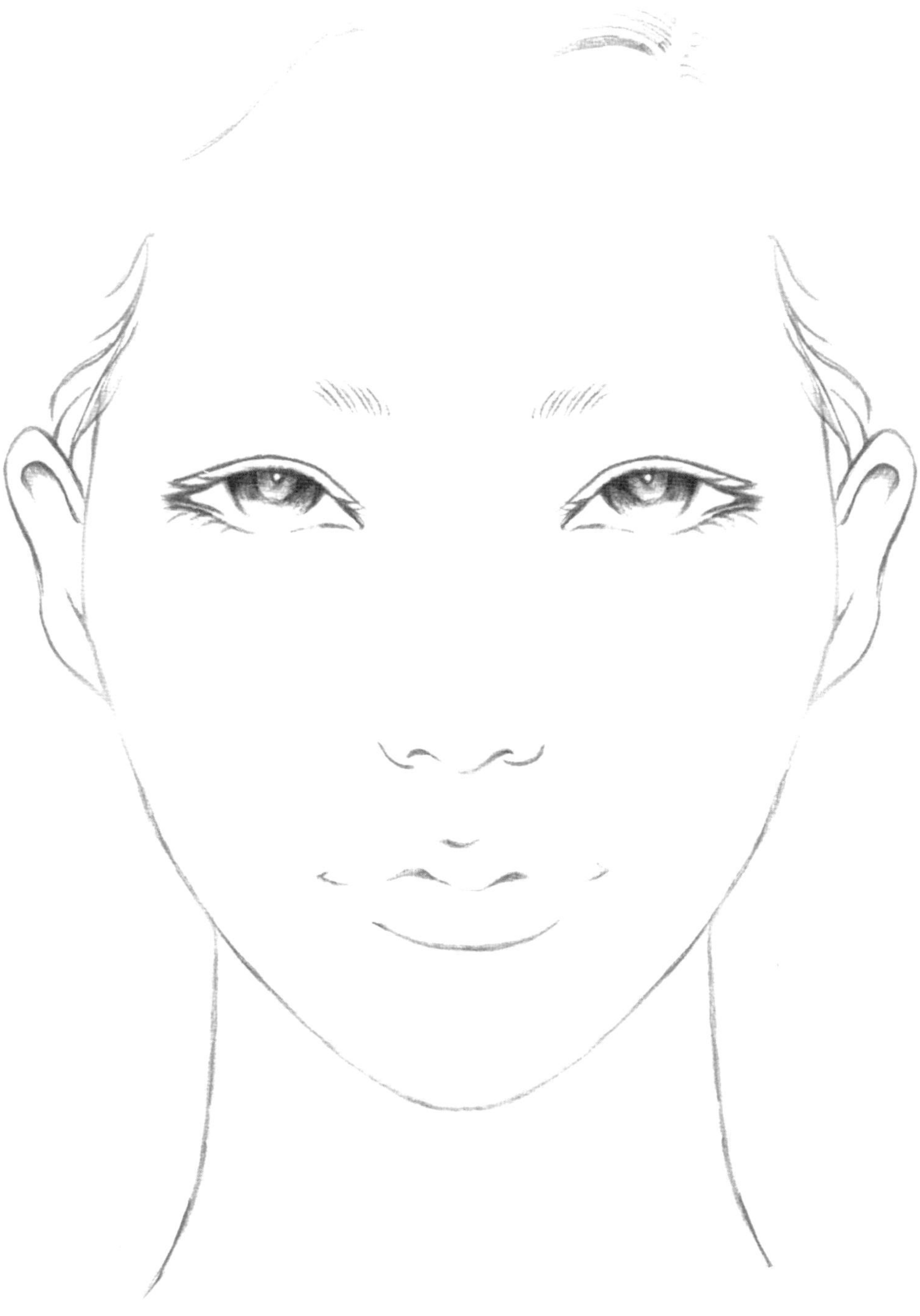

BEAUTY ILLUSTRATI ON

2019년 9월 1일 3판 1개정판 인쇄
2019년 9월 10일 3판 1개정판 발행

판권
소유

* 저자와의 협의하에 인지 생략

발행인 석종환
발행처 도서출판 예림
저 자 신세영, 이기명, 최민령
디자인

서울특별시 광진구 아차산로78길 170 한강빌딩 207호
Tel: 02) 921-6045~6 Fax: 02) 921-4524
E-mail: yaelim21c@hanmail.net
www.yelimbook.com
등록번호 제 1-2685호
ISBN 978-89-6475-168-8

정가 15,000원 ※ 잘못된 책은 바꾸어 드립니다.